坛鸟岁时记

鸟儿都是从天而降的游吟诗人

王自堃·著

广西科学技术出版社

美　好　始　于　奇　遇

— 感谢"自然之友野鸟会"对本书出版的支持 —

忆天坛早期鸟类调查（代序）

　　1996年9月29日，我受"自然之友野鸟会"邀请，在首都师范大学做了一场200人参加的观鸟讲座，并安排择日实地观鸟。10月5日，一行人冒雨来到鹫峰，待雨停后上山观鸟。雨过天晴，山顶盘旋着黑鸢（也就是俗称的老鹰），山林里传来婉转动听的鸟鸣，大家心情愉悦而激动。这是在中国大陆有记录可查的首次有组织的群众性观鸟活动。

　　1999年1月，《大自然》杂志发表了北京自然博物馆研究员隗永信、祁润身的《天坛公园鸟类调查》。在此基础上，首都师范大学生物系于2000年到天坛公园调查，一方面是为教学目的，另一方面也是为了解北京动物和天坛鸟类情况。

　　天坛树木较多，既有松柏古木，也有杏树等果树。有报道的鸟类包括交嘴雀、燕雀、金翅雀以及现在所谓的北长尾山雀等，考虑到天坛植被情况，我们觉得鸟类肯定不止已有记录的这些。

当时调查的重点区域之一是料库（现南神厨北侧）。那是一个封闭环境，里面存放着很多砖石、琉璃瓦等修缮材料，院内生长着古柏等高大乔木，空地上遍布各种野草，松鼠、老鼠（褐家鼠、仓鼠、黑线姬鼠）肆意穿行，喜鹊、灰喜鹊、灰椋鸟、麻雀都很常见。冬季时，有20多只猫头鹰（长耳鸮）栖息在几棵古柏树上。

　　另外一个重点调查区域就是北京市园林学校的苗圃，里面种植了多种苗木，植物多样性丰富。天坛没有自然水域，但苗圃中有一处年久失修的自来水管，滴水后形成小水坑，吸引了很多鸟类前来喝水、洗澡。

　　总之，天坛除古建筑外，还分布有圆柏、侧柏、油松等古树，与国槐、杏、柿、海棠、金银忍冬、核桃及大面积草地等组成丰富的绿地植被，为鸟类等动物的生存提供了良好的栖息环境。

　　"自然之友野鸟会"的宗旨是通过普及性观鸟活动，推动公众爱鸟、关注鸟类栖息地、保护自然环境。进入21世纪以后，"自然之友野鸟会"有意在城市公园开展鸟类调查。通过鸟类调查这种形式可以了解公园鸟类生存状况、公园环境变化、鸟类种群动态，为公园的建设提供参考意见，更重要的是吸引了广大群众参加到爱鸟、爱自然的行动中来。

天坛是北京城区最大的绿地，具有典型性、代表性。2001年以后我们在天坛断续做了一些调查。2003年2月开始，我们将以往调查的重点区域串联成一条路线，把天坛大致分为6个区域，形成了现在鸟调样线的雏形。

随着民间观鸟活动的普及、观鸟人数的增加以及新的影像记录手段的出现，中国鸟类的分布又增添了许多新记录。观鸟爱好者在自然环境中，通过鸟的外部形态和行为来辨识鸟种的能力也已今非昔比，而长期的公园鸟类调查，能发现鸟类与公园环境、气候的密切关系以及一些鸟类迁徙的规律。

到自然中观察，是人与自然的"对话"。我们可以看看这些花草树木、鸟兽鱼虫在做什么，从中可以获得很多有趣的知识。同时，我们应该倾听它们的诉求，想想自己能帮它们做些什么。希望有更多的人参与到观鸟活动中来，聆听大自然的精彩"语录"。

高　武

2018年9月2日于首都师范大学

目　录

◇◇　第二章　夏之巢（6～8月）

第三章　秋之徙（8～10月）

故事前传：两个天坛

　　提到天坛，我们会想到什么？祈年殿、回音壁、苍松翠柏，也许，还有电影节。换句话说，这是一个点缀着古树名木、散发着人文气息的古建筑群落。然而在这个标签之外，还存在着许多个性化的天坛。

　　20世纪60年代的天坛，京剧净角侯喜瑞带着他的梨园子弟在柏树林里说戏、练功，打磨一出花脸戏《连环套》。如今在天坛西门北侧的柏树林、东天门附近的油松林，仍能听到票友们的"咿咿呀呀"声。拳友们也喜在林间切磋、站桩、练拳、舞刀、弄剑，一招一式，步步生风。

　　此外还有：相亲的天坛——东门七星石附近，大爷大妈们扎堆儿晒简历，替自己的大龄未婚儿女征友；踢毽的天坛——北天门到皇乾殿隔墙的石板路，上下翻飞的翎毽仿佛永不落地；"大嗓门"的天坛——月季园稠李树下、丹陛桥古侧柏旁，歌舞爱好者正以组合音响对游客的耳朵"大动干戈"。

在观鸟人的眼中，天坛又是什么样子的呢？可能是一些地点：苗圃、油松林、天线阵。可能是一些拟声化的鸟鸣："吃吃喝喝""紫薇""昨儿"。可能是一些场景：碧瓦红墙下一棵森然高举的古柏，是猫头鹰的白日睡巢，其紧贴树干处支棱着一双毛茸茸的"长耳朵"；歪脖槐树的树洞外，俗称"臭姑姑"的长嘴鸟悬停在半空，用刚捕获的肉虫努力填满一张鲜艳小嘴；又或者，斋宫外人工草坪上，不期而至的罕见旅鸟栗鹀，正淡定地和几个幸运的观鸟者四目相对……

因为观鸟，我们走进了一个有些陌生的天坛。这里虽然也有吵人的广场舞、摩肩接踵的背包客，但烦扰的世俗似乎正从眼前滑脱。一旦举起望远镜，就像一不小心跌进了爱丽丝的兔子洞，我们不仅获得了不一样的视觉体验，还接受了一种心灵教育。文学中有所谓"陌生化"理论，即借助隐喻赋予日常事物以新奇的魅力，使人恢复对生活的感觉，更新审美感受。在城市里观鸟，就有这种神奇的效力。当你拥有了观鸟者的"视力"，习以为常的生活空间便开始焕发生机，每一种自然物的名字，也都像刚刚才被发明出来一样令人称奇。

天坛公园鸟类调查是"自然之友野鸟会"长期组织的一项

活动。在每一个周末，观鸟爱好者们聚在一起，沿着一条8公里长的固定路线，观测记录公园中出现的鸟类[1]。十余年来，在天坛公园中被记录的鸟类共有166种*，约占北京地区有确切记录的355种鸟**中的47%[2]。

长期的调查除了数据方面的积累，还留下了许多回顾文字。这些文字出自不同记录者之手，或简写当时当地看到的鸟种，或抒发初次观鸟的体验感受，又或者将调查中的所见所闻娓娓道来。古希腊诗人萨福有诗曰："如果没有我们的声音，就没有合唱；如果没有歌曲，就没有开花的树林***。"

每周一次的鸟类调查，如同准时更新的剧集，故事中既有人与鸟的相逢，也有人与人的际会。让我们回到2012年的冬天，去看望一位老朋友。

---

* 本文鸟类中文名及拉丁名参照《中国观鸟年报》"中国鸟类名录"4.0（2016）。

** 陈志强、付建平、赵欣茹：《北京圆明园遗址公园鸟类组成》，《动物学杂志》2010年第4期。

*** 萨福：《萨福抒情诗集》，罗洛译，百花文艺出版社，1989。

第一章 春之声（2~5月）

① 恋旧的长耳鸮（xiāo）

2012 年 2 月 11 日

农历正月二十,晴,气温 −3 ~ 2 ℃,1 ~ 2 级风。

随着气温渐渐回升,鸟的数量和种类有所增加,一进西门就看到白头鹎、八哥、珠颈斑鸠、灰椋鸟、大山雀等,西北空场上的灰椋鸟有好几十只。苗圃中看到有大斑啄木鸟、灰头绿啄木鸟、沼泽山雀、珠颈斑鸠等。斋宫东侧的草坪上有一大群灰喜鹊,还有白头鹎、斑鸫、灰椋鸟等。四号区和五号区交界处,有雀鹰和大嘴乌鸦在打斗,圜丘北侧的长耳鸮只有三只。六号区看到两只金翅雀。

——要旭冉

图 1-1 长耳鸮得名于它头顶的耳羽簇，但那并非它的耳朵，它的耳孔隐藏于头部两侧

图 1-2 长耳鸮吐出食丸的瞬间

早期的调查回顾简明扼要，中间夹杂着密电码式的方位名词，如同一封来自前线的鸟情电报。

长耳鸮（*Asio otus*）隶属鸟纲鸮形目（也就是俗称的猫头鹰），它浑身披挂厚密的黄褐色羽毛，如同穿着御寒"棉猴儿"。长耳鸮多年来在天坛越冬，栖于圜丘坛古建筑群周围的侧柏林内，高峰时期曾有 50 余只在此集群 *。有些鸟类迁徙的资料显示，候鸟繁殖地和越冬地一经建立，便成为固定的目的地。大多数迁徙鸟会回到距离原巢不超过一箭之远的范围内，有些鸟甚至能准确地回到同一棵树上。

在天坛对长耳鸮的观察表明，它们就具备这种长期记忆能力。不过由于人类活动干扰和食物来源限制，到天坛过冬的长耳鸮数量逐年下降，最后一次越冬记录停留在 2015 年 1 月，数量仅为 1 只。其间也有长耳鸮受到游客惊扰，不得不改换栖

图 1-3　食丸中的骨骼　　　图 1-4　食丸中剥出的鸟类头骨　王自堃　摄

* 高翔：《北京天坛的长耳鸮》，《大自然》2013 年第 2 期。

枝。但从2012年到2014年，一棵位于圜丘北侧、回音壁南侧的挺拔古柏，连续三年被一只长耳鸮相中，甚至连栖枝的位置都惊人地固定。长耳鸮的"恋旧"习性在某种程度上降低了观测难度。每年11月初，当秋季迁徙进入尾声，观鸟者就可以到老地方找找看，也许就能发现熟悉的身影。

猫头鹰，这种民俗传统中并不招人待见的"夜猫子"，为何在观鸟者中却如此受宠，常被封为萌物？一方面，因鸮类拥有出众的伪装羽色，易隐于树木的纹理之中，且多在夜间活动，发现其踪迹的难度增添了寻找的乐趣，偶遇一只猫头鹰有如彩票中奖，令观鸟者难掩兴奋；另一方面，圆脸盘和大眼睛的面部特征赋予了鸮类"表情功能"，奇特的颈部旋转也使得猫头鹰陡增偶像气质，俘获人类心灵。

身为捕食者，猫头鹰双眼位于头部正面，这种双目视力帮助它们在错综复杂的环境中准确定位猎物。以眼睛占头部面积的比重论，人类眼睛大概只占头部比重的1%，鸟类则可高达15%[3]。因此，"圆脸大眼萌"这一人类幼童的主要特征在鸟类尤其是猫头鹰身上有所复现，或许这也是它们讨人喜欢的深层心理原因。

猫头鹰捕到猎物后，通常囫囵吞食，难以消化的猎物皮毛和骨头在胃内积存成团，再经过食道和口腔吐出，称为"唾余"或"食丸"。在可能有猫头鹰栖息的柏树下寻找食丸犹如探宝，降雪之后，树坑中"搁浅"的食丸就像黑色的煤球，它是猫头鹰住所的"门牌"。抬头往上瞅瞅，身边的这棵树也许正是长耳鸮的"冬宫"。

食丸除了可以用来"导航"猫头鹰的栖树位置，还可掰开来研究猫头鹰的晚饭菜谱。当你从中剥出（建议戴口罩、橡胶手套操作）一颗麻雀头骨时，便等于为一场无声的杀戮在坛墙下作了案情重现。

研究发现，在 2007 年之前，天坛长耳鸮的食物组成中，啮齿类动物占比超过四成，翼手类动物（如蝙蝠）和鸟类各占近三成[4]。但 2013 ~ 2015 年的食丸调查分析发现，长耳鸮的食物来源中几乎不再有啮齿类动物，而主要为翼手类动物，故推测食物匮乏，也即公园灭鼠造成啮齿类动物大量减少，是长耳鸮种群数量逐年下降的原因之一。毕竟，捕食一只空中蝙蝠的难度要大大超过扑倒地上逃窜的小鼠吧。通过对食丸中所含骨骼的分析，相关研究者也确定了在天坛上空飞翔的蝙蝠为东亚伏翼。

大多数夜间活动的猎物都具有极好的听觉，猫头鹰也相应演化出一种特殊的翼羽构造，凭借更为精微的梳齿状羽毛分枝，有效减弱了振翅空袭时的声音。自带消声羽毛的猫头鹰同时听力极佳，它们看似呆萌的圆脸盘绝非摆设，而是高效的羽毛集音罩；不在同一水平线上的耳孔则是精确的量尺，帮助它们利用声音到达双耳的时间差锁定猎物。在晶莹雪粒的映衬下，置于手中的头骨凛凛体现着自然法则。

一枚小小的食丸如同一个压缩文件，运用知识对其解压之后，便还原出了城市公园中的生物链。如果有机会从食丸中收集一套动物骨骼，也是一件很酷的事情吧。

2 城里的山斑鸠（jiū）

2012 年 2 月 25 ～ 26 日

气温 –5 ～ 4℃。

圜丘北门东侧的三只长耳鸮满足了慕名而来的鸟友，不久后，它们将飞离这个已不再安宁的过冬地。无论明年秋冬它们来还是不来，都将继续着自己的生命历程。

值得庆幸的是，我们又在六号区的老地方发现了山斑鸠，数量还不少。和旁边的珠颈斑鸠相比，它们的身形肥硕些。26 日下午，接到一个电话，说在天坛苗圃周边发现有人拿弹弓打鸟，我立即报警。

——李强

图 1-5 山斑鸠

几乎每名记录者都自有一套写回顾的风格，按照时间、地点的顺序依次记录鸟种，不免会有流水账之嫌。吐槽也好，情怀也罢，琐碎如辨别技巧，感慨如观鸟往事，若能穿插进来，便是一份可圈可点的观察笔记了。

本周鸟调与上次相隔14天。进入冬季后，天坛公园鸟类以留鸟和冬候鸟为主，鸟种相对固定，调查频率也相应降低，为隔周一次。春秋两季则正值鸟类迁徙高峰，各类旅鸟"你方唱罢我登场"，观测频率调整为每周一次。

燕雀、斑鸫、长耳鸮，可算是天坛冬候鸟的代表。所谓"冬候鸟"，顾名思义，指冬天的候鸟。它们大都来自更加寒冷的北方繁殖地，在这里（越冬地）待到来年春天再返回北方繁殖；而灰椋鸟、灰喜鹊、白头鹎、麻雀、八哥、喜鹊、戴胜、黑尾蜡嘴雀属于本地"土著"（留鸟），一年四季皆可见到。但其中如白头鹎、八哥原是南方鸟种，2003年由北京师范大学张正旺教授在北京怀柔首次正式记录*，近年来已成为北方地区的常见鸟种，堪称鸟类中的"移二代"。

回顾中提到"又在六号区的老地方发现了山斑鸠"。所谓"老地方"，是指祈年殿西侧的一片古柏林。就北京地区而言，山斑鸠（*Streptopelia orientalis*）当属留鸟，然而多在郊区分布。名字中有"山"的斑鸠，自然在山区更易见到。"自然之友野鸟会"天坛鸟调自2003年开始观测，记录到山斑鸠除夏季外

＊ 张正旺、毕中霖、王宁等:《北京2种鸟类的新分布记录》,《北京师范大学学报》（自然科学版）2003年第39（4）期。

在天坛皆可见，一般每年5月离开（2016年记录到筑巢现象），8月或9月返回。

也许和小嘴乌鸦冬季在城市中心聚集的原因类似，山斑鸠受到城市热岛效应的吸引，从寒冷的山区飞至暖和的城里越冬。在城市公园里见到山斑鸠，如同耳边传来了一声远山的问候。山斑鸠体型较珠颈斑鸠更为强壮，相比后者的"素食主义"，山斑鸠食性可荤可素，取食植物种子和少量动物性食物[5]。

在识别方面，山斑鸠几乎不会与珠颈斑鸠相混淆。除了体型更大，其肩背部的覆羽外缘具棕色斑纹，层层相叠好似龙鳞，侧颈部斑纹也为独有样式。另外，山斑鸠尾部白斑连续、不断开，当其飞行时此特征更为明显，可迅速与珠颈斑鸠相区分。

3 珠颈斑鸠的爱情

2012 年 3 月 4 日

气温 0 ~ 5℃。

预报阴天，但实际上应该是多云，没什么风，感觉大地快要从冬眠中苏醒过来了。发现一些喜鹊在衔枝筑巢，珠颈斑鸠也有繁殖行为。

斋宫东门南侧草坪上还有一些鸟在喝水，但鸟种少了，而鹎就几只。在南神厨西侧倒发现了一些鹎在吃柏树果。长耳鸮还未走，只是有的又换了休息的地方，不知何故。在油松林，大家正讨论可能这次看不到猛禽时，就发现半空中一只雀鹰被一只乌鸦追逐着，奋起反击，最后还是以俯冲捕食状逃脱了纠缠。

——李强

通过观鸟活动，那些原本被我们熟视无睹的野生动物以一种稍显意外的方式，重新闯入我们的视野中。这种感觉正如约翰·巴勒斯所言："自然的学生和爱好者们，比起那些汲汲于世、上下奔走求新猎奇的人们自有一种优势，他们足不出户，便可观察大自然在他面前列队而过。"[6]

谈到观察大自然，人们似乎有两种极端观点。对城市中的人而言，要么认为大自然尚在远方，要么认为周末在人头攒动的公园中散散步，呼吸下室外的空气，就是接触大自然了。遥远的野外、城市的绿地，固然也都是自然，但我们真的仔细观察过这些自然之地吗？似乎还没有。人们只是在以自然为背景的场地中四处走动，如同明信片上的风景，他们自身也只是风景中的一个像素。但是，对于观鸟者，或者更准确地说，对于一个意图观察自然的人来说，这些当然还远远不够。

在观鸟之初，我们满足于识别鸟种带来的乐趣，光是获知鸟名，就如同得到了奖赏。毕竟，对自然的观察并非易事，为了准确说出一种鸟的名字，我们已经积累了大量知识，其中既包括鸟种的辨别，也有使用望远镜的相关技能，而单单是这个学习的过程，很可能就让人失去了进一步观察的兴趣。

即使成了观鸟的入门级选手，也面临着另一种误区。比如一味追求鸟种数量，而忽视了对鸟类行为的观察。追求掌握鸟种数量必然意味着远赴他途，但观察其实可以就在家门口的一个公园里进行，只需要你有一双敏感的眼睛。

求偶仪式绝对是最值得关注的鸟类行为。雄鸟为了夺取雌

图 1-6 求偶中的珠颈斑鸠

扫二维码,
聆听珠颈斑鸠的鸣声

图 1-7 珠颈斑鸠趴窝

鸟的芳心，往往会使出许多匪夷所思的绝技：有歌唱得炫的，有舞跳得酷的，有把羽衣穿出艺术范儿的……总之，极尽炫耀之能事。相比起来，本次回顾中提到的珠颈斑鸠（*Spilopelia chinensis*），求偶行为稍显平淡，甚至有点儿简单粗暴。

早春时节，时常能听到珠颈斑鸠的鼓翼之声，那是它们在做炫技飞行——拼命鼓动双翼（如同人类拍手击掌）垂直向上飞升，随后以自由落体式下坠接滑翔收场，这大概是珠颈斑鸠求偶仪式中最为赏心悦目的一幕。繁殖期的珠颈斑鸠雄鸟"脸红脖子粗"，棕红色脖颈上的"珍珠项链"添加了 3D 效果，明晃晃的，如同毛衣翻领。

珠颈斑鸠的叫声相当有特点，"咕咕——咕、咕咕——咕"的发音常被初次观鸟的人当成布谷鸟的叫声。不过俗称"布谷鸟"的大杜鹃，叫声实为清亮的"布谷、布谷"，与珠颈斑鸠喑哑低沉的鸣叫区别很大。3 月布谷鸟还未迁来，此时珠颈斑鸠已在操持繁殖大业了。在向雌鸟示爱时，雄鸟会压低身姿，乞求般绕着雌鸟踱起小碎步，不住地点头哈腰，像是在为鲁莽的爱情道歉，叫声节奏也随之加快。如若雌鸟无甚表示，不耐烦地一飞了之，雄鸟便会恍然大悟般惊飞而起，一根筋地追着"心上鸟"消失在密林深处 [7]。

珠颈斑鸠通常为一夫一妻制，一年繁殖多次。在天坛公园的调查中，3 月到 10 月都能观察到珠颈斑鸠求偶筑巢的行为，可谓十分勤奋的繁殖鸟类。

④ 忽多忽少的灰椋（liáng）鸟

2012 年 3 月 10 日

晴，气温 2 ~ 5℃，3 ~ 4 级风。

随着天气渐渐转暖，鸟的数量和种类有所回升，不过由于风力较大，对鸟情造成一定影响。在西门附近看到燕雀、黑尾蜡嘴雀、白头鹎、八哥、珠颈斑鸠、灰椋鸟、大斑啄木鸟、星头啄木鸟、灰头绿啄木鸟，还有久违的戴胜。不过在空场和苗圃的运气就没这么好了，只有一些珠颈斑鸠和灰椋鸟，苗圃里还看到了金翅雀。

——要旭舟

图 1-8 灰椋鸟成鸟

扫二维码,
聆听灰椋鸟的告警声

扫二维码,
聆听灰椋鸟幼鸟的乞食声

图1-9 奋力钻入树洞中的灰椋鸟

常在天坛拍摄动物的朋友,一年四季都能看到灰椋鸟(*Spodiopsar cineraceus*)。虽然灰椋鸟全年可见,但就北京而言,灰椋鸟的种群既有留鸟,也有旅鸟、夏候鸟和冬候鸟。推测与此情况类似的还有红隼和雀鹰。

灰椋鸟的种群数量往往在秋季迁徙后期开始增多(胡同里也常有它们的身影),夏季则有较为稳定的繁殖个体占据着树洞巢,但其他时间公园的灰椋鸟会忽然不知去向,真正一年四季都留在天坛的灰椋鸟为数不多。观鸟爱好者只能通过望远镜和相机等设备间接观察鸟类,无法精准标识每只个体,对种群变化的判断可能只局限于数量增减,难以长期跟踪鸟类活动范围的变迁。

对于初学者，灰椋鸟的辨识特征也是相当明显的：灰黑色的身子、污白脸蛋、小红嘴，以及飞行时露出的一抹白腰。当它们展翅滑翔时，空中姿态呈三角形，酷似翼装飞行。灰椋鸟出巢不久的幼鸟外表为朴实的棕褐色，夏季在天坛可见到它们追随成鸟乞食，嗓音甚至比成鸟还沧桑。

灰椋鸟隶属椋鸟科椋鸟属，本属鸟类素有集群癖好。例如，数万只紫翅椋鸟在空中群舞的场面极为震撼——鸟群的轮廓线不断变幻，所有个体动作同步协调，仿佛一个巨人在空中坐了起来。它们正是依靠群体的力量抵御和迷惑猎食者的。

灰椋鸟步态圆熟，在地上觅食时两脚轮流迈步，忙叨着翻拣腐叶、扒开泥土、取食地下鲜美多汁的肉虫[8]。它们嗓音沙哑、鸣声单调，但在英国童话《随风而来的玛丽·波平斯阿姨》中，却是能与人类幼童交流的语言大师。

繁殖期营巢时，灰椋鸟常常占用啄木鸟在毛白杨、国槐和侧柏等高大乔木上的旧巢，且常与啄木鸟因"房产"而发生激烈争斗。凭借强大的"抢房"能力，灰椋鸟表示在拥挤的帝都生存毫无压力。

5 金翅雀的"狗粮"

2012年3月17日

阴，有雾，气温3~6℃，1~2级风。

刚一下公交车就听见八哥的叫声，并看到两只金翅雀飞过，预示着今天的鸟情应该不错。果然，一进西门就看见了两只沼泽山雀，接着大斑啄木鸟、黑尾蜡嘴雀、白头鹎、八哥都出来了。天上还不时有三五只鸭子飞过，有的由西往东飞，有的由东往西飞。我们一路走，总有金翅雀在身边。喜鹊的身影很稀少，当我们走到空场的时候才知道，原来它们都在这"开会"呢，电线上、地上到处都是喜鹊，有六十多只。在小片试验田附近看见一只黄喉鹀，还有一只鹀，鹀的身上几乎没有什么花纹，可能是赤颈鹀。

苗圃中看到三只黄喉鹀，一只北红尾鸲雌鸟和一只红胁蓝尾鸲雌鸟。看来春季迁徙的第一批鸟类已经来了。

——要旭冉

图 1-10 叼取塑料绳作巢材的金翅雀

扫二维码，
聆听金翅雀的长鸣和
飞行中的鸣叫

图1-11 金翅雀育雏 唐俊颖 摄

金翅雀（*Chloris sinica*），可以这样形容它们——翅上金斑极具皇族气质，鸣声如同梵铃，这注定是属于皇家园林里的一种鸟。记得刚开始在天坛学习观鸟的那年深冬，随鸟调小组行至丹陛桥西侧，忽见一株古柏上站立着十来只金翅雀，当它们鸣叫时，就好像一树的金铃在随风摇曳。

凭借鸣声和外形特征，金翅雀是不会被错认的一种鸟。当三四月繁殖期来临，金翅雀雄鸟高踞枝头，发出与平常叫声不同的刺耳长鸣，似以此宣告领地主权。2017年1月底，天坛里的金翅雀已开始长鸣。偶然间，也能听到一种声调较为柔和的"絮语式"鸣唱，显出它们语言丰富的一面。有观察资料显示，金翅雀是在空中完成交配的[9]，这一不可描述的景象在鸟调中还未被发现。

到了 5 ~ 6 月，金翅雀在油松侧枝的隐蔽处结巢。碗状的小巢紧实而精致，以细枝条、松针等植物纤维编织而成，有时巢材中也掺杂着厕纸、尼龙绳、塑料袋等人造物品。手掌大小的编织巢里可盛放 3 ~ 4 枚卵，淡青色的椭圆卵上分布着暗色斑点。幼鸟出生后由双亲共同育雏。父母喂食时，巢中的四五张小嘴像花朵一样努力绽放，又好似一座座喷发的活火山。亲鸟只有拼命填喂食物，才能让这群"小火山"安静一秒。

离巢的幼鸟也会乞食，并被成鸟饲喂。金翅雀成鸟在育雏期还会兼顾"情饲"，也就是由丈夫"亲口"将食物（繁殖期食虫，非繁殖期采食植物种子）递到辛苦孵卵的妻子嘴里。如果人类"单身狗"有幸观察到此情此景，恐怕会被撒满一地"狗粮"吧！

6 大斑啄木鸟的打击乐

2012 年 3 月 24 日

……天坛里，杨树、桃树已发芽，昭示着春天的来临。

西门里照例热闹非凡，更多是成双的身影。猛地，一声较小而清脆的啄木鸟叫声传来，循声望去，一只小鸟在眼前急速飞过，接着快速俯冲下来，落到不远处的树干上。从望远镜中看得真切，原来是只星头啄木鸟，大家对刚才它的快速出现有些好奇。

图 1-12 星头啄木鸟

扫二维码，
聆听大斑啄木鸟的鏨木声

这则笔记没有留下记录人的姓名，然而文中那只急速飞过的星头啄木鸟（*Dendrocopos canicapillus*）却给人留下了深刻印象。至少从这段描述来看，这只啄木鸟也许在准备它的恋爱前奏曲了。

2016 年 3 月 6 日，在西门健（水）康（泥）步道东侧的树林中，我终于听闻啄木鸟敲击树干的求偶打击乐（即"錾[zàn] 木声"）。那是一只雄性大斑啄木鸟（*Dendrocopos major*），它飞到杨树树冠的位置，扒住一截碗口粗的断枝。断枝的截面正如砧木一样平滑，它端详了几眼这根枯枝，便开始用锥子一般坚硬的喙敲击截面，打起了欢快的"手鼓"。

这种錾木声就像是音叉被拨动，在弹性作用下快速振颤，再哆嗦着回到静止。奇妙的敲击过后，大斑啄木鸟停下来观察四周，似乎在等待心上人的回应。无果，再次敲击，停歇几秒，如是者三。也许是受到惊扰，或是"鼓声"未能吸引到心爱的姑娘，这只啄木鸟呼扇着翅膀，不再贪恋杨树"手鼓"，飞去他处寻爱了。

除去用"打击乐"的方式吸引雌性，雄性啄木鸟也会如鸣禽一般用歌声求爱。当雌雄两只星头啄木鸟围绕杨树、国槐等高大乔木追逐示爱的时候，雄鸟会发出与平时不同的叫声，声音的频率和音调更高 [10]，似乎是在表达爱的渴求。这种甜蜜的语言，只有恋爱中的同类才能听懂了。

大斑啄木鸟为新娘挑选婚房时，如果没有找到合适的树干凿洞，也会利用旧的树洞 [11]。但和人类一样，"二手房"必

图 1-13 树洞中的大斑啄木鸟

　　得重新"装修"一番才能入住。鸟类孵育子代后，巢址便遭废弃，经过冬春两季的风吹雨淋，巢中难免滋生霉菌或受到昆虫的侵扰，唯有将"墙壁""地板"粉刷一新才能开启幸福生活。

　　在天坛，能看到三种啄木鸟科留鸟，分别是大斑啄木鸟、星头啄木鸟和灰头绿啄木鸟。另有两种在迁徙季节过境的啄木鸟，分别是蚁䴕和棕腹啄木鸟。其中蚁䴕（*Jynx torquilla*）的行踪最为隐秘，它身披褐、黑、灰三色斑驳的体羽，"隐形"于树干表面或枯草之中，要想一睹真容还得拼拼人品。蚁䴕英文名为 Eurasian Wryneck，意即"欧亚扭脖鸟"，因其受惊时会夸张地旋扭颈部而得名。

⑦ 黄喉鹀（wú[*]）的歌喉

2013 年 3 月 17 日

周日一大早起来，就听到窗外几只灰椋鸟叽喳的喧闹声。再看天空，淡蓝色。这时太阳在雾蒙蒙的天际露了面，没有风，雾霾看来是不可能消散了。上午气温 5 ~ 15 ℃。

走到西北空场，一只白鹡鸰鸣叫着从大家的头顶飞过。快到苗圃时，一只黄喉鹀雄鸟引起了大家的注意，虽然旁边不时地响起刺耳的甩鞭声，但大家还是不懈地寻找着。

——李强

* 该字字典读音标注为二声，但现实交流中多读为一声。

无论春季还是秋季，黄喉鹀（*Emberiza elegans*）总是迁徙中的排头兵。文中提到的甩鞭声来自苗圃北侧空地，甩鞭人追求空气爆破音在耳膜层面激起的快感，同时两臂左右抡开也锻炼了上肢和腰背力量。然而对于静谧的皇家宫苑来说，这种来自声音的暴力总像是在抽游客的耳光。

　　就是在这种刺耳的噪音中，观鸟者还是可以凭借听觉的指引，在第一时间发现鸟类的行踪。《中国鸟类野外手册》的著者、英国鸟类学家马敬能（John MacKinnon）在一次演讲中提到："在森林里独行是非常重要的。如果有同伴，你

扫二维码，
聆听黄喉鹀的鸣声

图 1-14　黄喉鹀雄鸟

就会聊天、吸烟、大笑，你就失去了对自然的敏感。当你一个人，而且有一点点害怕的时候，这时候你的耳朵变得很敏感，你开始感知，你开始去倾听'那是什么？'"

的确，当我们第一次走进自然这座免费的剧场时，如果没有相应的知识储备，没有放开我们的感官，很可能感到徒劳而一无所获。观鸟并非一件所见即所得的事情，当你认出一只鸟的种类时，已经调动了相当多的感官和经验：你看到鸟羽的特征斑纹，听到极具辨识度的鸣声，并且回忆起了相关的文字命名……在这个过程中，你的大脑一刻不停地高速运转，并不轻松。当你举起望远镜，找到被横竖交错的枝杈遮蔽着的鸟时，也已经克服了许多看不见的阻力，这是通过正确地使用望远镜和数次专注地手眼配合才能达到的 *。

再回到黄喉鹀。这是一类有着怒发冲冠式冠羽的小鸟，雌鸟的颜色稍逊色于雄鸟，雄鸟喉部的黄色与枕部的金羽相映成趣，也是其显著的辨识特征。鹀在鸟类图鉴中的位置一般都在最后，这是因为鹀是较晚分化出来的鸟类，而部分图鉴是按照鸟类演化的次序排列的。

黄喉鹀的鸣唱婉转动听，歌声的背后是这样一组数据：正常情况下黄喉鹀每分钟鸣唱 6 ~ 8 次，每次鸣唱持续时间为 2.2 ~ 4 秒，由 13 ~ 28 个音节组成，有 2 ~ 3 个泛音 [12]。这

---

* 使用双筒望远镜的秘诀其实只有一个，就是让你的双目视野重合为一个清晰的圆。所以如果双眼视力不一样，一台能够调节屈光度的望远镜才能真正满足你的需求。

种仅凭人耳无法分辨全部细节的美妙歌喉，正是黄喉鹀用来划分领地的战争宣言。用歌声打擂让鸟儿避免了很多躯体冲突，不失为自然界中最优雅的决斗。

需要说明的是，天坛并非黄喉鹀的繁殖地，所以你很难在这里听到它们的演唱。而在北京植物园，倒是时常可以在柏树林中听到这些寓意深远的歌声。

图 1-15　冬季的黄喉鹀

8 戴菊的小丑脸

2013 年 3 月 31 日

三月的天气真如小孩的脸，变化就是快。30日还阳光明媚，到了31日就阴沉沉的。一早起来天空雾蒙蒙的，走在大街上更感凉意，好像随时都要下雨似的。

进入二号区，观察远处枝头的鸟时，一只大鸟正好飞进视野里，拍下来一看，是只夜鹭亚成鸟。在找丘鹬的时候，猛地发现空中竟然有一只猫头鹰被一群灰喜鹊驱赶着，后经确定是长耳鸮，不知它是从何地冒出来的。走到双环亭南边的元宝枫林时，熟悉的声音又在耳畔响起，四处张望后发现两只戴菊在光秃秃的细树枝上正忙着觅食，有点纳闷，它们咋还没走呢。

——李强

图 1-16 戴菊

扫二维码,
聆听戴菊的鸣声

图1-17 正在觅食的戴菊

对初次观鸟的人来说，"戴菊"（*Regulus regulus*）的名字跟另一种鸟——"戴胜"的名字一样，乍听起来让人一头雾水。

一抹亮黄色的顶冠纹，就像脑袋上顶着万寿菊的一瓣黄色舌状花，所以才有"戴菊"这么文艺的命名吧。作为一种身长（喙尖至尾端）9～10厘米、体重5.5～7克（国内体重最轻的鸟是灰喉柳莺，仅4～5.5克）的袖珍级小鸟[13]，戴菊圆球状的身材以及绿色的体羽易于隐藏在柏叶间，光靠肉眼寻找有些不知从何下手。但只要你听过一次它的叫声，一定会在再次遇到时认出它来。那是一种丝丝如缕的尖细音调，略似黄腹山雀，但比之要轻微得多。跟随叫声的引导，你便有机会与这些可爱的小家伙来一次近距离接触。

成群活动的戴菊时常专注于搜寻树上的昆虫，无暇顾及树旁好奇心旺盛的人类。只要你步履、身法足够小心谨慎，甚至能够把脸贴到距它们1米之内，这是千载难逢的扔掉手中望远镜的好机会。当一只戴菊活泼地钻出柏叶的遮挡，用它好似扑了白色粉底的小丑脸忽然和你四目相对时，恐怕你会再也按捺不住体内的笑气。就在这时，戴菊还是被你的大脸吓跑了。

叫声是戴菊个体间互相联络的语言，它们通常边活动边呼叫，飞移时也是一只跟着一只，从一树飞向另一树，体现出典型的群居性[14]。对观鸟新手来说，在天坛苗圃找到它们的概率更大一些，留意柏树主干的中下部，你会获得与戴菊平视的机会。

9 "男扮女装"的红胁蓝尾鸲(qú)

2014年3月23日

　　稍有雾霾笼罩的天气也阻挡不住园里满溢的春意，随着北京气温的逐渐攀升，大家换下了厚重的冬装，迎接春天的到来。不知何故，往常格外热闹的西门这次却异常冷清。继续往北，鸟情才逐渐好起来。耳边照常响起了笼鸟画眉的歌声，只不过相比林中飞舞的蜡嘴(黑尾蜡嘴雀)的鸣唱，它的声音似乎多了几分无奈。

　　西北空场灌木附近，一个盘旋的身影惹得大家以为发现了猛禽，过了一会儿才反应过来那是斑鸠。正想着没有新鸟种，眼看着一个浅棕色的身影落到地上，据领队判断，这是只云雀。果然这块宝地总能带给我们惊喜！只可惜没人拍到，留下一个不小的遗憾。

　　苗圃里，灰喜鹊俨然成了这里的主人，几只鸫也来凑热闹……到了苗圃东侧，高翔告诉我们有北红尾鸲，随即栏杆上一抹靓丽的色彩闯入视线，等了好久的第一批迁徙鸟终于现身了！

穿过月亮门，金翅雀"嘀铃铃"的叫声响起，尤为显眼的是两只金翅雀在道旁的树尖上隔路对唱。绕开月季园的"好声音"（此处为人类歌手），耳边似乎有山雀叫声，最后还是鸟笼给了我们答案。我们感觉除了笼中鸟还有其他的小鸟，转战路南，果然有跳动的小身影，仔细一看，发现一个茫然的小眼神儿——戴菊！一小群有五六只，运气不错！

斋宫附近，两只雀鹰在高空盘旋。只见它俩时不时靠近，也不知是在交流还是打架。这是本次活动中唯一一次看到猛禽，感觉有些意犹未尽。继续前进，斋宫东门南侧的草坪因为有灌溉水源，各种鸟儿蜂拥而至：四种鸫、八哥、椋鸟、蜡嘴……好一番热闹景象！大家看过瘾后才依依不舍地离开。

——落落

图 1-18 红胁蓝尾鸲雄鸟

图 1-19 北红尾鸲雄鸟

对比过去几年的记录，2014年的春季迁徙季似乎平淡了一些。2016年春天（2月26日），落落号召大家去寻找第一批访客："春天快到了，大家在天坛可以留意过境迁徙鸟了。红胁蓝尾鸲（*Tarsiger cyanurus*）、北红尾鸲（*Phoenicurus auroreus*）、黄喉鹀、普通鵟这四种鸟到得最早，三月初一定会在天坛出现。"

在枯草横行、枝条瘦冷的早春，红胁蓝尾鸲是刚刚苏醒的北方大地的"颜值担当"。雄鸟背部的幽蓝一直延伸到弹动的尾端，胁部的一抹绯红灿若晚霞，红与蓝的配色似是春夜里的霓虹灯。红胁蓝尾鸲在国内繁殖于大小兴安岭、完达山、张广才岭、老爷岭及长白山等地，越冬于长江以南的广大地区，直至台湾和海南岛 [15]。

北红尾鸲雄鸟在"穿着"上比红胁蓝尾鸲来得更热烈一些，它在民间有"火燕"之称——黑西服似的背羽与红舞裙般的腹部形成了强烈对比。当它飞掠而过时，黑的部分淡入背景，红的部分似一团燃烧的明火。北红尾鸲广布于欧亚大陆东部，是我国华北地区常见的夏候鸟 [16]，英文名为 Daurian Redstart，即达乌里红尾鸲。达乌里山脉位于贝加尔湖以东，绵延至中国东北边境，数种鸟类的英文名被冠以此地之名，包括达乌里寒鸦（Daurian Jackdaw）、斑翅山鹑（Daurian Partridge）、北椋鸟（Daurian Starling）等。

北红尾鸲、红胁蓝尾鸲都是溜溜球式的捕食选手。它们率先占据一个有利地形，比如树木的侧枝、地面上的高台，百般观察后，突然从站立的位置俯冲，于空中用灵敏的喙叼住飞虫，并迅速返航、停落、进食，如同在U形池中完成了一段特技滑行。

有研究者将红胁蓝尾鸲的冬季捕食方式总结为四种，分别是拾取、探取、出击和追捕。前两种是指用喙翻动枯枝落叶、搜寻被覆盖食物的行为，后两种则是指利用飞行技巧猎食的行为[17]。

北红尾鸲的叫声常被形容为像小推车车轴生锈后发出的吱吱声，属于听过一次就再也不会误认的鸟声。它的鸣唱反而繁复多变，初次听到可能会懵圈，待识得真面目后便会升起一股"原来是你"的亲切感。有趣的是，据说在八一电影厂拍摄于1960年的电影《奇袭》中，志愿军战士在战斗间隙组织文艺活动，其中的口技表演模仿的就是北红尾鸲鸣唱。

天坛作为鸟类迁徙的驿站，很难记录到这两种鸲的鸣唱，毕竟这里不是它们标示领地、繁殖炫耀的场所。不难听到北红尾鸲"小推车式"的鸣叫，但很少能闻听红胁蓝尾鸲的叫声。它们都对低矮灌丛情有独钟，乱枝斜影为它们提供了伏击的好场地。

值得一提的是，红胁蓝尾鸲亚成雄鸟存在羽毛延迟成熟现象（Delayed Plumage Maturation，DPM），有些出生第一年越冬后返回繁殖地的未成年雄鸟，还没有换上成年雄鸟的羽色，看上去反倒如同雌鸟[18]。这就像鸟类的幼鸟、亚成鸟大多与成鸟在外貌上有所区别一样，是一种穿在身上的"免战牌"，表示"我既呆又蠢萌，不要欺负我"。红胁蓝尾鸲未成年雄鸟"男扮女装"，无非也是为了规避与同类间的竞争，达到自我保护的目的。不过这些青少年也"暗藏心机"，会伺机抢夺繁殖资源。所以，如果你在天坛拍摄到了一只"雌性"红胁蓝尾鸲，也许它竟是男儿身。

10 爱吹口哨的黑尾蜡嘴雀

2012 年 4 月 7 日

早上气温不高，10 ~ 19 ℃，晴，微风。

公园里的鸟儿们都很活跃，西门内看到四只大斑啄木鸟追逐着飞过，三五只八哥落在远处的杨树梢上，灰头绿啄木鸟发出怪笑般的叫声，戴胜在杜仲林附近的巢里飞进飞出，黑尾蜡嘴雀有十多只。它们的叫声多变，以致于每次我都无法从叫声上确定是不是它们。

——要旭冉

黑尾蜡嘴雀（*Eophona migratoria*）的单音节鸣叫易被误听为大斑啄木鸟的鸣叫。仔细听，这种叫声比大斑啄木鸟的声音微弱、短促。有时，一只黑尾蜡嘴雀边飞边发出"吱"的单声鸣叫，像是在呼朋引伴，又像是在自报家门。

鸟类鸣声被分为鸣叫和鸣唱（或称"鸣啭"）两种。鸣叫通常只有一两个音节，类似于单个的字词，多用于"事务性"的应答、联络等；鸣唱音节数量繁多，类似于一个（首）完整的句子（歌），在求偶仪式中用于炫耀表演。鸟类借助遗传和后天学习可掌握多个鸣唱曲目，有研究指出，鸣叫在所有分布区的同种个体中都是相同的，而鸣唱则会受地理因素的影响发生很大变化，如同方言[19]。

参加"鸟类好声音"比赛的通常都是雄鸟，雌鸟作为挑剔的评委则凭借歌声优劣决定为谁转身。4~5 月份繁殖季节，天坛西门的杨

图 1-20　口中衔物的黑尾蜡嘴雀雄鸟

扫二维码，
聆听黑尾蜡嘴雀的鸣声

图 1-21 黑尾蜡嘴雀幼鸟 王自堃 摄

树林中就有黑尾蜡嘴雀在鸣唱了，其声清越婉转如同口哨，听起来像是这样一句"歌词"："加加急，到哪儿去？"

5月下旬，黑尾蜡嘴雀夫妇开始衔枝筑巢。2015年5月29日，我拍到了一只筑巢中的黑尾蜡嘴雀，由于巢址靠近卫生间，这个位于人行道旁、杨树侧枝上的编织巢中穿插着丝带般的手纸。遗憾的是，这处巢址没能经受住风雨的考验，在一场暴雨后倾塌歪斜，随即被遗弃了。

黑尾蜡嘴雀在取食植物种子、嗑开草籽时，会传出清晰的喙部压碎种子外壳的声音。当看到一群黑尾蜡嘴雀在草坪中埋头进食时，你不妨停下脚步，听一听这富有节奏的咬合声，仿佛一首奇异的劳动号子。当然，燕雀、灰椋鸟等常于地面取食的鸟类也能奏出这种朴实的交响乐，而山雀科的鸟类在树上取食时也是啄然有声的，像是林中落雨。

11 "久违"的黄眉柳莺

2012 年 4 月 21 日

头天晚上刚下过雨，公园里湿度很大，早上还有些薄雾。刚一进西门就看到两只雨燕，这是我今年第一次见到它们。杨树梢上有一小群八哥飞过，戴胜在刚下过雨的草坪上寻找蚯蚓，此外还有大斑啄木鸟、灰头绿啄木鸟、金翅雀等。在一群灰椋鸟中还有一只丝光椋鸟。有几只黄眉柳莺在杜仲林附近的大槐树上叫得特别好听。这时天上飞过一只猛禽，看着体型挺大的，脑袋有点尖，应该是凤头蜂鹰，但只有一只。

在空场周围的圆柏林里有好多柳莺的叫声，但是它们很胆怯，不肯露面。我在圆柏林中走过，还惊扰了一只丘鹬，走出林子又看见一只，高翔也至少看见了两只，估计林子里有两到三只。苗圃中只有白头鹎、红胁蓝尾鸲和金翅雀，有拍鸟的鸟友说还看到了虎斑地鸫。

在二号区看到了大斑啄木鸟、金翅雀和黄眉柳莺。四号区的丝光椋鸟最近很活跃，从树干上

图 1-22　丘鹬"开屏"迎击灰喜鹊　罗青青　绘

的洞中出来进去，忙得不亦乐乎，总共有 7 只。此时，一只夜鹭从天上飞过。

　　路过红嘴蓝鹊的巢时想看看有没有什么动静，结果红嘴蓝鹊没看到，倒是看到了两只野鸭从天上飞过，还有一只灰头绿啄木鸟。快出西门的时候看到 30 多只黄腹山雀，一只灰头绿啄木鸟，还有十几只灰椋鸟，其中几只正在筑巢。

——要旭舟

扫二维码，
聆听黄眉柳莺的鸣声

图 1-23 黄眉柳莺

扫二维码，
聆听黄腰柳莺
的鸣声和叫声

图 1-24 黄腰柳莺　王自堃　摄

进入 4 月，春季迁徙的高潮到来了，许多值得一看的迁徙鸟纷纷经过天坛上空，或者选择空降在天坛公园内作短暂休整，补充体力。比如上文回顾里提到的丘鹬（*Scolopax rusticola*），几乎每年都会在迁徙季莅临天坛，然而，我却一直无缘得见。这是在天坛较少见到的一种鹬科鸟类，因其惯于栖息在丘陵或山区潮湿的混交林和阔叶林中，喜食昆虫幼虫和蚯蚓等，有着适宜生境（圆柏、侧柏、槐树等针阔混交林）的天坛为其提供了中意的落脚点。

不过这篇要来说说柳莺了。还记得"故事前传：两个天坛"里提到的"紫薇"吗？这是鸟友用来形容黄眉柳莺（*Phylloscopus inornatus*）的叫声的，有时候也被拟声为"久违"，两个汉字对应着黄眉柳莺鸣叫的两个音节，让人一下就记住了这种市区常见的柳莺的叫声特点。

柳莺体长 10 厘米左右，俗称"柳串儿"。小到只要被一片柳叶遮挡，就会成为你看不见的"小透明"。因此，鸣叫成了柳莺个体间在视线受阻时保持联络的重要方式，也是柳莺所属的鸣禽（鸟类生态类群之一）长期适应环境、演化形成的重要行为特征。相比起来，翱翔于广阔天际的猛禽就很少鸣叫了。

进入夏季后，天坛公园里随处可闻黄眉柳莺的叫声和鸣声。它的鸣唱音调较为单一，听起来就如同"唧唧复唧唧"这样的嘹亮句子。这里所说的"嘹亮"并非刻意的修辞，实在是有感于黄眉柳莺的演唱分贝与它袖珍体型之间的强烈对比。

"故事前传：两个天坛"里提到的发音为"咋儿"的叫声，来自另一种常见柳莺——黄腰柳莺（*Phylloscopus proregulus*），两者从体型、羽色、声音和行为上都可以找到区分点。当你听到音节多样、语调多变的演唱，看到如蜂鸟般（只是嘴短了点儿）振翅悬停并露出黄灿灿腰部的柳莺时，大概就是遇上黄腰柳莺了。

　　作为食虫爱好者，柳莺在树枝间的移动速度相当快，忙碌的身影让人难以看清不同种类的柳莺在外观上的微小差异。熟悉识别要点的人会说："柳莺种间差异明显，搞明白了其实不难认，再加上还有叫声可供辨认，真是可爱的小东西。"在天坛，除去黄眉柳莺、黄腰柳莺，冠纹柳莺和极北柳莺也时或举行它们的"独唱会"。

　　近年来的分子生物学研究告诉人们，不同种的鸟类大概是在多久以前从一个共同祖先中"分家"的。比如夏季来到北京郊区海拔1000米以上的山上繁殖的淡眉柳莺（*Phylloscopus humei*），就是在大约240万年前和黄眉柳莺"分道扬镳"的[20]。没有错，大部分物种分家所需的时间都是以百万年起步的，而在你看来长得几乎一样的两种柳莺，是在如此漫长的岁月中才练就了各自的看家嗓音，从而变得"与众不同"。

　　这样想来，当一只黄眉柳莺的身影短暂地出现在望远镜中时，等于一条已有几百万年那么长的生命之河从我们眼前流过了。

12 红喉姬鹟（wēng）的上弦声

2012 年 4 月 29 日

气温 18 ～ 25 ℃，微风。

由于浮尘，能见度和空气质量都很差，不过鸟情倒是还可以。还没进西门就看见了八哥和金翅雀，公园里的柳莺非常多，比较茂盛的槐树和榆树上都能看到柳莺或听到柳莺好听的叫声。灰头绿啄木鸟和大斑啄木鸟的叫声也一直在耳边回响，只是好久都没见到星头啄木鸟了。西北空场的圆柏林中有大量红喉姬鹟，不过很难看到。空场北边看到了许多黑喉石䳍。随后当我们走到小片试验田的时候，发现矮灌木根附近隐藏着一只捕鸟夹子，上面放着一只小虫子。这时，下网捕鸟的人走了过来，我们对其进行了劝说，他把布置好的五只捕鸟夹子都收走了。看来最近捕鸟的人还真不少。

在苗圃中看到了黄眉柳莺、黄腰柳莺、金翅雀、灰头绿啄木鸟、红喉姬鹟、白头鹎、黄喉鹀、丝光椋鸟等，有鸟友拍到了巨嘴柳莺。一只虎斑地鸫在密林中飞来飞去。另外，高翔说他早上在苗圃看到六只白鹭飞过。苗圃的树上看到一只死去的大嘴乌鸦，没看见风筝线，也没看出它受什么外伤，不知是怎么死的。从苗圃出来还看到雨燕和金腰燕。二号区依然有许多柳莺的叫声，去年红嘴蓝鹊的巢今年没有任何动静，而且也很久没看到红嘴蓝鹊了。

——要旭舟

扫二维码，
聆听红喉姬鹟雄鸟
的叫声和鸣声

图 1-25 红喉姬鹟雄鸟

红喉姬鹟（*Ficedula albicilla*）也是凭叫声就能被识别的一种鸟。在迁徙季节里，它和黑喉石䳭（*Saxicola maurus*）是一对好旅友，总是前后脚来到。在天坛西北空场，红喉姬鹟活动于圆柏树上，伺机冲出捕食昆虫；黑喉石䳭则有"站尖"行为，立于茎尖或枝梢之上，如同警觉的哨兵，也以昆虫为食。

我常用"给钟表上弦"形容红喉姬鹟的叫声，此声音独特得没有被误认的可能。春季，红喉姬鹟可在我国东北地区繁殖，越冬于印度、中南半岛和马来西亚等地[21]，北京则是它一年内要两次经过的地方。4~5 月或 9~10 月，身在天坛的你就可以留神聆听这种仿佛是上了发条的小嗓门了。红喉姬鹟就像是在为季节对表，耳闻它们的颤鸣，我们心知又一个迁徙季节来临了。

红喉姬鹟雄鸟橙红色的喉部犹如一盏明亮的小橘灯，让你轻易就能认出它；雌鸟则喉部灰白，尾羽外侧根部的白斑是它身份的证明。黑喉石䳭雄鸟喉黑，而雌鸟喉白。如果觉得"䳭"*字难以理解，可以试着听听黑喉石䳭的叫声，是否觉得与"䳭"的字音一致呢。

2016 年 5 月 4 日，我在天坛西北空场的圆柏林中被一段鸣唱吸引，其声俏丽多变，悦耳非常。然而这段歌声的演唱者却十分羞涩，每当我试图靠近"歌唱"中的柏树时，演唱者就飞速逃离，换至另一棵"柏老汇"继续它的表演。良久，在这场捉迷藏游戏的尾声，歌者露出了尾羽两侧白色外缘，我才终于确认，那正是一只红喉姬鹟。

　　* 黄瀚晨按：鴔在古籍里指的是戴胜，而"鶝"通"鵖"，鴔鶝和鵖鴔是一样的。近代以后，规范的中文鸟名系统慢慢确立。然而古籍中没有指代黑喉石䳭、灰林䳭、沙䳭这类英文中称为 chat/stonechat 的 *Saxicola* 属鸟类。商务印书馆 1933 年出版的《动物学大辞典》中把黑喉石䳭称为"野鵖"（这个用法现在日本依然用来指代所有䳭类）。当时更为广泛接受的是"石栖鸟"的用法（寿振黄《河北鸟类志》、祈天锡等《中国鸟类目录试编（第二版）》皆如此），取的是学名释义（栖息于石头上）。

　　20 世纪 40 年代末，郑作新先生用"石唧鸟"表示石䳭。等到了新中国成立后，郑作新先生的书里出现了"䳭"的用法，*Saxicola* 属被称为"石䳭属"。也就是说，"唧鸟"改成"䳭"，"䳭"字从此固定下来。我不知道郑先生取这个字的初衷，猜测是石唧鸟可能更对应于英语 stonechat，"石"对应 stone，"唧"对应 chat〔这里的 chat 是指它们的叫声。几种广布的常见䳭类的声音都是尖而短促的单音，chat 就是指这一点。可见于 Peter Clement and Chris Rose, *Robins and Chats* (London: Christopher Helm, 2015).p.11.〕，"唧"的口字旁非常到位地描述了叫声特点。我觉得老先生们能在古书里找到"䳭"，并把"唧"和"鸟"合并，是很见功力的。

13 斑鸫 (dōng) 和它的朋友们

2013 年 4 月 6 日

春意盎然，晴，气温 5～14℃，风力 2～3 级。

苗圃里桃花开放，星头啄木鸟出现在枯树枝上，数量不多的红尾鸫也不时地飞来飞去。时不时抬头望向蓝天，还真能看到一些普通鵟和雀鹰从头顶飞过，或是盘旋高飞。

离开斋宫，快走到回音壁时，发现不远处的杨树上竟然歇息着两只太平鸟，还以为它们都飞往繁殖地了呢。后来还听说北门附近依旧能看到一群太平鸟，其中还混着小太平鸟。

油松林边，两只家燕快速飞过，引起了大家的注意，这可是在开春头次见到。

祈年殿西侧的林间，不时能看到红嘴蓝鹊的身影，山斑鸠不知所踪，旁边浇地的流水吸引来了众多口渴的鸫科鸟。

——李强

留意啊，这里又把时间拨快了一年，让我们得以继续在四月天里徜徉观鸟。

4月份，其实已经是春天了，但我还是想聊一聊冬天的鸫。北京的冬天，常见有四种来此越冬的鸫：斑鸫（*Turdus eunomus*）、红尾鸫（*Turdus naumanni*）、赤颈鸫（*Turdus ruficollis*）、黑颈鸫（*Turdus atrogularis*）。2005年以前，斑鸫和红尾鸫还同属斑鸫一家，赤颈鸫、黑颈鸫同归赤颈鸫名下；2005年后，分类学家建议将它们各自"扶正"为独立种。

物种的变化常能引起人的迷思。近一个世纪以来，生物学家们不断探讨物种概念问题，先后提出了几十种不同的物种定义[22]。在分类学家的点拨下，有些物种被拆分（大多是亚种被提升为种），有些又遭合并（种被降为亚种），分分合合的"神剧"不断上演。这些讨论与分歧反映出人们对生命演化现象的持续思考。

现如今，界定一个鸟类物种需要综合考虑形态、行为（包括鸣声）、基因、栖息地偏好等多方面因素。而物种是一个持续变化的过程，观鸟者对物种的辨认不过只是片刻所见。

当这四种鸫同时出现在天坛的杨树上时，我们看到它们有着或黑或红的喉部，或红或不红的尾羽，或清晰或不清晰的眉纹，似乎在外型上有着明显的区别。但经常也有一些个体，喉部与胸部分界如赤颈鸫，胸腹部的纵纹却杂糅了斑鸫的外型特征，不知这是否是两种鸫杂交的产物。

单听声音，这四种鸫的叫声相差无几，都是那种被鸟友形

图 1-26 红尾鸫

扫二维码，
聆听斑鸫的叫声

容为"橡皮鸭子叫"的尖细嗓音。不知道你小时候玩没玩过黄橙橙的橡皮小鸭，轻轻一捏它的身体，就会发出"吱、吱"的尖叫。斑鸫和它的朋友们就是这样，略有些神经质地在空中边飞边叫。飞行时，斑鸫那纺锤形的身体提供了可供辨认的特征；站在树枝上的时候，它的肚子则微微下垂，像隆起的啤酒肚。

在天坛公园西北角有几丛金银忍冬灌丛，到了冬天依然有红果挂于枝头，不间断地为鸫们供应美味的佳肴。医生庞秉璋1977年发表于《动物学杂志》的一篇文章曾记述，不论乌斑鸫或红尾斑鸫（即斑鸫和红尾鸫），吞食楝树果实后约25分钟即吐出核，并不经肠腔排出 [23]。此外，另一篇2000年发表于《生态学杂志》的文章则描述了斑鸫取食黄檗的情况：斑鸫从果串上啄下果粒吞入胃（可连吞8～9粒），胃中无砂砾，种子不能被磨碎，约经半小时，果肉大部分被消化，完整的种子随粪便排出落地 [24]。这篇文章还提到，斑鸫的迁徙路线在不同年份受黄檗等肉质果结实情况所左右，果实丰收时见到的越冬个体就多一些，果实歉收时则很难见到越冬个体，也即所谓鸟类"大小年"现象。

也许，下一个"有鸫自远方来"的冬天，我们不必再纠结于它们的属种，而该耐心等待鸟儿心满意足地吐掉果核的瞬间。

14 穿马甲的普通𫛭(kuáng)

2013年4月13日

周六，艳阳天，气温10～20℃，偏北风1～2级。

在外体感舒服，总算感觉春天真正到来了。植物们也好像商量好似的，这边杨树、槐树、榆树、槭树忙着发芽，那边玉兰、二月兰、早开堇菜、紫花地丁忙着开花，柏树也趁此散出它的花粉，公园里到处是生机盎然的景象。

快到西门时，就见一只鸥从公园飞出，我手忙脚乱地拿出相机，拍了几张"屁股版"，放大一看，还好可以大致判定是只具繁殖羽的红嘴鸥。天坛新鸟种的出现预示着还可能出现值得期待的情况。

这次在人头攒动的苗圃里，我们先后发现了锡嘴雀、虎斑地鸫、黄腹山雀、黄腰柳莺和红胁蓝尾鸲；一对星头啄木鸟已然在此找到了心仪的家；一小群白琵鹭猛然从头顶飞过，让大家好生惊喜！有人在12日又看到了丘鹬，还有人当天早些时候拍到了一只雄长尾山椒鸟，事后确定不是正常迁徙鸟。

图 1-27 普通鵟停落在槐树上

可能是气温的原因，我们走到斋宫东侧才发现了空中飞翔的楼燕，在后面的调查中就经常能看到它们。大家走到东边油松林，第一只迁徙猛禽（白腹鹞雄鸟）才出现，之后我们陆续发现有黑鹳、雀鹰和普通鵟从空中由西南往东北飞去。

——李强

图 1-28 普通鵟飞行姿态

普通鵟（*Buteo japonicus*）是春季猛禽迁徙中的排头兵。2016 年 2 月 23 日，我在位于市区中心的月坛公园曾见一只普通鵟在灰喜鹊的报警声中向北狼狈飞去，也就是说，还没有进入气象学意义上的春季，有些鸟类已经忙着返回繁殖地了。

有研究称，绝大多数候鸟，特别是小型食虫鸟、食谷鸟、涉禽和多种鸭类在夜间迁徙，少数候鸟昼间迁徙或者昼夜迁徙[25]。

猛禽通常在昼间迁徙。也许是为了避免被猛禽捕食，更多的鸟类选择"错峰出行"：白天在停歇地觅食，晚间启程转场。走进天坛，两种不同的迁徙策略同时上演：迁徙而来的林鸟们正埋头进食，晓行夜宿的猛禽们则忙着赶路。

识别"高高在上"的猛禽需要看清它们腹部、翼指、尾羽等部位的特征。比如普通鵟翼下长有两块深色的腕斑，腹部两扇窄门似的褐色斑块如同马甲，再搭配上五枚黑色的翼指，大致就能判定它的身份了。观鸟有时候就如填字游戏，拼接出几个关键的局部就能知晓整体的形象。

百米之上的高空，猛禽看起来遥渺、非凡。在北京上空能目击到三十余种猛禽，它们中有些年复一年地沿着空中走廊往返于南北半球。观鸟者宋晔写道："繁殖于中国东北及俄罗斯的普通鵟、阿穆尔隼每年南迁至非洲越冬，灰脸鵟鹰从朝鲜飞去了马来西亚，有些凤头蜂鹰从库页岛飞去了印度尼西亚，有些乌雕从黑龙江飞去了孟加拉，有些白腹鹞从西伯利亚飞去了菲律宾，还有的白肩雕飞去了香港，草原雕飞去了印度……"[26]

常说猛禽都追着山飞，是因为山坡的迎风面往往会形成较强的上升气流，利于猛禽飞行和节省体力。实际上，城市热岛效应可能也为猛禽提供了翱翔的上升动力，因此在城市中心地带常能观赏到猛禽成群迁飞的壮观场面。

2015年5月12日午间，我在西长安街以北不远的月坛公园记录到百余只猛禽（以凤头蜂鹰为主，间杂雀鹰、阿穆尔隼等）北飞的盛况，整个过程大约持续了两个小时。这大概是长有宽大翅膀、惯于驾驭上升气流的猛禽主动适应城市的结果，却给了被困在钢铁森林中的上班族一笔仰观生命之旅的意外福利。

15 太平鸟的波希米亚风

2013 年 4 月 21 日

多云，气温 12 ~ 16 ℃。

西北空场的二月兰正在盛开，东边这一片因为去年铺路的原因长势不好，在西边我们看到了星头啄木鸟，听到了柳莺的叫声。

苗圃里有星头啄木鸟、大斑啄木鸟、黑尾蜡嘴雀、丝光椋鸟、山鹡、虎斑地鸫、丘鹬和锡嘴雀，还有人拍到了蚁䴕。

从苗圃出来我们直奔公园北门寻找太平鸟，在那里看到了约 50 只太平鸟和 10 只小太平鸟在草坪上的小水坑中喝水，还有几只黑尾蜡嘴雀和燕雀。

——要旭冉

图 1-29　太平鸟"树挂"

太平鸟（*Bombycilla garrulus*）的英文名字是Bohemian Waxwing，直译过来就是波西米亚蜡翅鸟。波西米亚常被用来指代一种艺术风格，大概意思是"放纵不羁爱自由"。也许是太平鸟那飘逸的艺术家发型引发了人们如此的联想，冲天的羽冠更是为它留下了"中国版愤怒的小鸟"的称号。

那为什么称其为蜡翅鸟呢？不知道太平鸟的英文名字里是否隐含了古希腊神话中一个有关飞翔的典故——困在孤岛的艺术家代达罗斯，用羽毛和蜡制作出翅膀，带领儿子伊卡洛斯一起逃离，途中伊卡洛斯越飞越高，羽翅上的蜡被太阳烤化，坠海丧命。

《北京野鸟图鉴》描述太平鸟时这样解释"蜡"的出处，即"三级飞羽羽轴延长形成蜡滴状红色端斑"。[27] 然而，这处影响了太平鸟命名的蜡状红斑却不是它最引人注意的特征。在民间词库里，它还有个俗名叫"十二黄"，意指它有着12根末端金黄的尾羽，这个引人注目的特征昭显出太平鸟的"贵族气质"。

和金翅雀一样，太平鸟也是一种适合"树挂"的鸟。集群迁徙而来的它们会聚落在柏树上取食球果，有时我们也能在初春还未长叶的银杏树上发现它们列队站立。与憨胖的外表形成美妙对比的是，太平鸟拥有一副细小甜润的歌喉，这歌声听起来比金翅雀的更像是晚风中的风铃。当一树太平鸟鸣叫着上下翻飞时，那情景大概就像是谁往天空中撒了一串颤巍巍的金铃铛。

太平鸟科是雀形目下的一个小科，我国仅有一属两种，即太平鸟和小太平鸟。这两种太平鸟在天坛都可看到，两者经常混群，为冬候鸟。小太平鸟又称"十二红"，有着红色的尾羽末端，可以此与太平鸟相区别。同时小太平鸟的嗓音也不同于太平鸟。据《中国动物志·鸟纲》记载，太平鸟的种群数量在不同年份中有显著波动，呈现"一年有，一年无"的现象，书中分析推测此现象与其主要食物的周期性丰收或歉收有关。

上文鸟调记录的作者能观察到 50 只太平鸟和 10 只小太平鸟，实在是幸运，这恐怕是近几年"愤怒的小鸟"现身天坛数量最多的一次了。随着环境日新月异的变化，在城市中见到太平鸟的机会越来越少，不知这种名叫"太平"的鸟，它们的生活能否依然太平。

16 被猫吃掉的虎斑地鸫

2013 年 4 月 27 日

当天晴间多云，气温 15 ~ 25 ℃，风力 2 级左右，不冷不热，体感适宜。

二月兰花开正盛，到处是姹紫嫣红，繁花似锦，春意盎然。

西门里南侧已失去往日热闹场景，但能发现树叶、枝头间都有成双成对的身影。柳莺的叫声随处都可听见，空中也不时飞过一些小鸟。待大家来到西北空场时，小鸟们逐渐显露出真容来，有小鹀、灰头鹀、黄喉鹀、树鹨、红喉姬鹟、黑喉石鵖等。树林间、草丛中一派热闹景象，空中也不时飞过雄雌阿穆尔隼。

苗圃里真是人比鸟多。还好，又观赏到了金翅雀、燕雀、红胁蓝尾鸲雌鸟、白眉鸫、虎斑地鸫，拍鸟人还看到了一只蓝点颏雄鸟。一只凤头蜂鹰深色型亚成鸟和一只普通鵟突然飞临苗圃上空，给大家带来了惊喜。

——李强

全身都是鳞状斑，独特的鳞纹犹如个性文身，使得虎斑地鸫（*Zoothera dauma*）在北京地区不会被误认。在一片落叶丛中，道道鳞斑化作隐形斗篷。

苗圃环境郁闭，杂乱的灌丛、堆积的腐叶正中鸟类下怀，这里是它们休憩、觅食的"中途岛"。

然而，这里也是流浪猫的乐园。几年前，一只虎斑地鸫在天坛苗圃被流浪猫咬开了肚皮，肠子流了满地。

尚未学习观鸟时，经过有铁艺护栏环绕的苗圃，只觉其中绿气森涌，视线被重重林木阻挡，难以窥得其中奥妙。行至苗圃南侧，浓密灌丛攀附的铁栏下方摆开几个食盆，这便是流浪猫的饭堂。野性勃发的捕鸟能手被爱猫人士的爱心浇灌，每三四个月就能生下一窝，每窝至少三四只，源源不断地为城市公园输送顶级捕食者。迁徙过境的旅鸟因此成了猫粮之外的绝佳甜点。

2014 年苗圃改造完成后对游客开放，适合鸟类躲藏的灌丛被清理一空，惯于在地面活动的虎斑地鸫从此失去了隐蔽之所。我第一次见到虎斑地鸫是 2013 年秋季，在斋宫东侧柏树林下的人工草坪上，三只虎斑地鸫在地上啄食小虫，五只白眉鸫也在附近进食。在千篇一"绿"的山麦冬丛中，虎斑地鸫的保护色反而成了"招摇色"——万绿丛中一团褐，让人一眼就注意到它的存在。

资料显示，虎斑地鸫的北方亚种（现有学者建议提升为独立种，中文名为"怀氏虎鸫"）每年 4 月下旬至 5 月初迁至中

国东北繁殖，9 月下旬离开，迁徙时
经中国全境，越冬于华南及东南地
区 [28-29]。

图 1-30　虎斑地鸫

17 文学里的乌鸫

2014 年 4 月 12 日

气温 21 ℃，晴转多云，微风。

仲春时节的鸟调继续在微茫的雾霾中前行。

西门内的圆柏像发射炮弹一样向空中弹射着一只又一只鸫，不停地有鸫的鸟浪在飘荡。树下有一只乌鸫（又称"反舌鸟"）落单，四周还回荡着八哥的叫声。

在宰牲亭东，超有型的侧柏老枝上，一对大斑啄木鸟与一对灰椋鸟在为"两居室"开战。大斑雄鸟利用停战间隙，还在勤奋地啄木、找虫。此情此景，真可谓"凿洞易，守巢难，且战且珍惜"。

——方方

在一篇小说里，德国柏林的一个男子被一种他先前以为是夜莺、后来发现是乌鸫的鸟叫声从睡梦中唤醒。他在这只鸟的歌声中听到了命运的召唤，起身离开了自己深爱多年的妻子。多年后，经过战争的洗礼，他回到了故乡。父母不久离世，主人公重返童年时生活过的房间。午夜之后，乌鸫又回来了，神奇、美妙的歌声带给了主人公第三次天启。

这篇小说的题目就是《乌鸫》，作者是著有《没有个性的人》的奥地利小说家罗伯特·穆齐尔。同样以乌鸫为题的文学名作还有美国诗人华莱士·史蒂文斯的《观察乌鸫的十三种方式》。在西方，乌鸫可以与雪莱的云雀、济慈的夜莺（夜莺在现实中的原型是新疆歌鸲）并列为三大文学鸟类，给予不同时代的诗人、作家以创作灵感。

在穆齐尔的小说中，乌鸫最显著的特征是它美妙的歌喉；在史蒂文斯的诗歌里，诗人最关注的是乌鸫黑色的身体。正如它的英文名字 Blackbird 所示，乌鸫雌雄鸟皆通体黑色，雌鸟黑中杂褐（有时难以与雄鸟区分），两者都有金色的眼圈和喙。

对于普通游客而言，公园里的乌鸫经常被当成乌鸦看待。在中国南方，与穆齐尔小说中描述的欧洲情景类似，数量众多的乌鸫常会出现在人类住宅窗外。而和白头鹎、八哥相同，乌鸫近些年由中国南方扩散到了北方，天坛一年四季都可看到乌鸫，但在京城居民区看到乌鸫的机会还不多。

夏季走进天坛西门，道路两侧的高大杨树（加杨和毛白杨）成了热闹的繁殖区。戴胜、灰椋鸟、八哥、大斑啄木鸟等在此寻找树洞巢，乌鸫、黑尾蜡嘴雀、喜鹊、灰喜鹊、珠颈斑鸠等则在树干枝杈上营编织巢，可谓"鸟丁兴旺"。

乌鸫巢一般位于树干中部，多在侧枝靠近树干处或较粗侧枝上，巢体厚实，以树枝精密搭建，呈碗状[30]。有研究者观察到巢址距离人行道远近不同，乌鸫亲鸟对人类靠近的反应也不同，这从一个侧面反映了鸟类与人类的相处模式：如果巢址位于道路旁且比较暴露，亲鸟对道路上过往的行人没有强烈的反应，不易惊飞；但距道路较远的树林巢，一旦有人经过或接触巢树，亲鸟反应则非常强烈，会立即飞离巢，但不离开巢区，或从觅食处飞往巢区的其他树上，对入侵者发出急促的惊叫声，甚至会以排粪便或俯冲等方式发动攻击，直至入侵者离开[31]。

看到穆齐尔描述乌鸫神启一般的歌声时，我还不知道这种鸟就生活在我们身边。确切地说，小说里的是乌鸫的欧洲亚种——西方文学里的乌鸫现已被学者建议设为独立种，中文名为"欧乌鸫"（*Turdus merula*）；而中国大部分地区看到的乌鸫被建议独立成另一个种，中文名仍沿用"乌鸫"（*Turdus mandarinus*）。

扫二维码，
聆听乌鸫的鸣唱

图 1-31　乌鸫哺育幼鸟

图 1-32 歌唱中的乌鸫

　　直到观鸟之后，我才在天坛第一次见到乌鸫，当时心中怀有一点小小的激动，期盼着能亲耳听一听乌鸫的歌声，但听到的却并非它的歌声，而只是一记单音节的喊叫：尖锐、单调，如同不怎么礼貌的刺耳口哨。乌鸫的嗓音就是这样尖细，如果你真正留意听过它的叫声，只要一次，就再也不会把它和乌鸦联系起来。到了繁殖季节，雄乌鸫开始用鸣管"弹奏情歌"，那一串串的卷舌音终于让人明白，"反舌鸟"的称号确乎不假。

　　但这真的就是穆齐尔小说中主人公听到的、令人心驰神往的召唤吗？虽说音节多变，但总还少一点婉转，欠一些动听。翻开《中国鸟类野外手册》，关于中国乌鸫鸣声的描述令人莞尔："不如欧洲亚种悦耳。"

18 熟悉又陌生的大嘴乌鸦

2012年5月5日

晴，气温25～31℃，微风。

当天天气很热，鸟不是很多，整体情况和上周差不多。这里主要想说一下非法捕鸟的问题。

还是上周下夹子的那个人，他远远地看见我们过来就拿着东西走了，我刚要去追他，又看见圆柏林里有一张五米长的粘网。我跟天坛公园派出所反映了这件事，他们说马上过来处理。

就在我们等民警过来的时候，这张粘网的主人走了出来，是一位六十多岁的老人，他用一根竹棍在草丛里驱赶鸟，有几只鸟被惊飞了，其中一只红喉姬鹟撞到网上。捕鸟的人走过去收网，将红喉姬鹟装在一个小网兜里，拿过来给我们看，问我们这鸟叫什么。我们说这鸟叫红喉姬鹟，并劝他把鸟放了。他说他捕鸟是为了好玩，捕完了就放了，说着他就把那只红喉姬鹟放了。过了一会儿派出所的民警来了，对他进行了劝说，看他年纪大了，也没有对他进行处罚，只跟他说下不为例。而那个下夹子的人早就不知道跑哪去了。

苗圃里的鸟这周来了白眉鸫和树鹨，听拍鸟的鸟友说前天看到了东方角鸮。我们在苗圃里发现一根很长的风筝线，从苗圃的北面进来、南面出去，看不到头尾，搭在很高的树顶上。上周的那只大嘴乌鸦就死在离这根风筝线不远的树上。我和高翔用尽各种方法清理它，最终也没能把它清理干净。

——要旭舟

图1-33 被风筝线绞杀的大嘴乌鸦

这则回顾记述了天坛中的非法捕鸟现象，报警是比较有效的手段。天坛里不乏遛鸟大爷，他们的笼子里关着沼泽山雀、煤山雀、黄腹山雀，民间给这三种鸟都起了别号，分别谓之"红子""奔（四声）儿"和"点儿"，天坛中野生的沼泽山雀因此有了"坛红"的称谓。有些捕鸟人就用笼中的"红子"诱捕"坛红"，遛鸟人则用"坛红"为他们笼养的"红子"押音儿（指训练笼养鸟的叫声）。

有一次在天坛西门外，我见两位年轻人架着雀鹰，唰地把鹰撒出去吓唬大叶黄杨球丛里的麻雀，遗憾的是那时没有立即报警。遛鸟、玩鹰，这两项有着群众基础的传统爱好的畸形发展，供养了偷捕野生鸟类的产业链。天坛位于城市中心，捕鸟现象尚如此猖獗，挂在山林中的鸟网就更是无法无天了吧？

回顾的最后一段记述了一只被风筝线绞杀的大嘴乌鸦（*Corvus macrorhynchos*）。对于非观鸟人来说，乌鸦、麻雀、喜鹊、灰喜鹊，大概是城市生活中最为人熟知的四大留鸟。除麻雀外，其余三种野生鸟皆为鸦科鸟类。

研究者认为鸦科具有较高智商，比如有惊人的记忆能力和较复杂的社群关系。但乌鸦、喜鹊等鸦科鸟对城市生活的适应真与智商相关吗？日本鸟类学家松原始在《乌鸦的教科书》中提出了一种猜测，认为乌鸦在城市中翻拣垃圾的行为，源自其在自然环境下追踪动物腐尸、翻扯尸皮叼取内脏的固有习性。对于动物来说，能否适应城市生活，也许只是生存策略上的不同选择而已。

大嘴乌鸦是亚洲东部广泛分布的鸟类，其最显著的特征是隆起的额头（俗称"奔儿头"）和镰刀状粗壮的喙。在北京，从城区公园到远郊，乃至海拔超过 2000 米的东灵山上都能见到它的身影[32]。但一直以来，大嘴乌鸦就像我们身边"最熟悉的陌生人"一样，对于其生活习性，人类所知甚少。

一进天坛西门，在北侧树林里常能见到几只落枝的大嘴乌鸦，应该是同一个家庭中的成员。这里与居民区接壤，厨余垃圾能为它们提供稳定的食物来源，高大乔木则是休憩与隐蔽的场所。翻看以往的调查回顾，未观察到乌鸦的繁殖巢，也没有记录过乌鸦之间的求偶行为。2017 年 6 月 17 日，我在苗圃外围的核桃林中观察到了一只大嘴乌鸦的幼鸟，它的虹膜呈青色，瞳仁乌黑，嘴角红粉，独自站在一截横枝上，不时地用喙探索着树皮的纹理。那个下午，我没有在附近看到亲鸟，不知它们在哪里繁殖，又在哪里死去。没有长期的跟踪调查，近邻也成陌路。

2016 年岁末，天坛西门北侧的树林中，一只流浪猫伺机叼走了一只灰喜鹊。霎那间，大嘴乌鸦、喜鹊、灰喜鹊云集成鸦科联盟，在流浪猫头顶轮番俯冲"轰炸"，愤怒的讨伐声听得人汗毛倒竖。流浪猫在群鸦起而攻之的恐怖情景下，依然叼着战利品从容越墙脱逃，这令鸦科的进攻显得有些虚张声势。生命之息总是转瞬即逝，鸦科的团结作战却给我留下了难忘一幕。

我国鸟类研究者对于大嘴乌鸦行为的观察所著不多。搜索文献也只有 20 世纪八九十年代山西庞泉沟国家级自然保护区

图1-34 大嘴乌鸦幼鸟 王自堃 摄

扫二维码，
聆听大嘴乌鸦的叫声

中的大嘴乌鸦群落得到了较为详尽的描述，从中我们得知，大嘴乌鸦喜营巢于针叶树上，巢距地面十几米至二十米，紧贴主干一侧，具有一定隐蔽性。巢材由乔木、灌木等粗糙枝条搭结而成，简陋但不松散，内垫物有杂草根系、山猪毛、兔毛、马尾等[33]。

这些文献还记录了大嘴乌鸦喂雏的频率。1992 年 6 月 1 日的观察显示，大嘴乌鸦亲鸟全天喂雏有三个高峰，集中在 4:30 ~ 6:00、12:00 ~ 15:00、18:00 ~ 20:00（最早见于 4:30，20:27 停止，达 17 个小时）。两只亲鸟一天内喂食四只雏鸟的次数共 395 次，平均每只雏鸟约得食 98 次，每只雏鸟每小时约得食 5 次，两只亲鸟喂雏次数基本相等。离巢寻找食物、回巢喂食幼鸟，由早至晚，如是反复近 400 次，足见其喂雏之辛勤。

此外，大嘴乌鸦每窝可产 3 ~ 6 枚卵。卵色为天蓝、淡蓝或蓝绿色，卵上有锈红斑点（钝部密、尖部稀）。在以样线调查为主的公园鸟调中，这些情况是难以观察到的。

19 神秘的普通夜鹰

2012 年 5 月 13 日

阴，气温 18 ～ 25℃，微风。

由于前一天刚刚下完雨，天气很凉爽，刚进门的时候鸟情还不是很好，不过后来越来越好，以至于这次鸟调到下午一点多才结束。

我们在苗圃中看到白眉姬鹟、白眉鹀、山鹡鸰，最神奇的是看到一只普通夜鹰。

三号区中有黄胸鹀、小鹀、栗鹀、褐柳莺、蓝歌鸲、大斑啄木鸟等，可能是由于最近油松林的生长较好，虫子比较多。这次三号区的鸟调路线调整了一下，我们走的是与大路平行的靠南边的一条路。

今年第一次见到了红尾伯劳和乌鹟这两种很有代表性的夏季鸟种。

——要旭冉

图 1-35　苗圃柳树上的普通夜鹰　穆贵林　摄

我没有在天坛见过普通夜鹰（*Caprimulgus jotaka*）。夜鹰最后一次出现在天坛鸟调回顾里是 2013 年 5 月 25 日，当日的回顾只是简单提及了它的名字，再无更多描述。四年后的一次鸟调中，一个曾经在天坛苗圃见过夜鹰的鸟友，还为我指出了那棵曾有夜鹰趴伏的旱柳。2017 年 5 月 30 日端午节当天，又有人在同一棵柳树上见到了夜鹰。

普通夜鹰俗称"贴树皮""蚊母鸟"，为夜行性鸟类。前一个俗名道出了它伪装大师的身份，棕褐的体色配以斑驳的纹路，再加上昼间贴伏于树干一动不动的习性，让它完美隐形于树身，仿佛一块松脱的树皮；后一个俗名源自它的食性，夜鹰嘴裂极大，张口成袋，于夜间飞入虫阵张嘴兜食。古人观察到此场景，误以为夜鹰是在吐出蚊虫，因而称其为"蚊母"。

身着保护色的夜鹰在白天静伏不动，难于发现。到了晚间，一种持续的"嗒、嗒"声在寂静的园林中响起，夜鹰开始行动。汉语中的"夜鹰"与"夜莺"，音同字不同，而两者的嗓音更是有着天壤之别。只要听到如机关枪射击一般的独门叫声，便能在漆黑的环境中知晓夜鹰的存在。

普通夜鹰在北京是夏候鸟，但在天坛还未有其繁殖的记录。一份山西历山国家级自然保护区的记录显示，5 月中旬夜鹰开始发情配对，在黄昏和晚上频繁鸣叫，并长时间在空中快速回旋飞行，边飞边鸣 [34]。另一份文献则记载了于四川绵阳师范学院观察到的一对夜鹰，这对夜鹰筑巢于七层高楼的楼顶，巢材用到了花生壳、编织袋、木块、泥土和枯死的油菜茎等 [35]，显示出对城市环境的适应性。更有意思的是，绵阳师范学院校园的夜鹰还表现出移巢行为，共历经5次移巢。巢址原先在西侧墙角，最后移至东侧墙角附近。研究者猜测巢址的更换可能与观察拍照等人为干扰或其主动寻找蔽荫处有关。

在这两份记录中，雌夜鹰均产下两枚卵，卵呈椭圆形、灰白色，表面有大小不等、形状不规则的褐色斑点，斑点尤以钝端较多，尖端较少。与上一篇中的大嘴乌鸦相比，普通夜鹰哺育雏鸟的喂食高峰时段充分体现了其夜行性，研究者记录到的喂食高峰期分别是晚上 8:00 ~ 10:00、凌晨 0:00 ~ 2:00 和早上 4:00 ~ 6:00。

能在天坛苗圃一睹夜鹰的风采是幸运的。夜鹰因其脚部短而细弱、蹬飞无力，如果不是受到惊扰，白天睡大觉的夜鹰不会轻易离开栖身之处。识破夜鹰隐身术的瞬间，也就是细细端详之时，真想亲眼看一看它深暗如夜空的瞳孔和雷达一般灵敏的嘴须啊。

20 古诗里的黑枕黄鹂

2012 年 5 月 19 日

　　阴，气温 26 ~ 31 ℃，微风。前一天晚上天气预报说有雷阵雨，但是雨一直没下，天气倒是闷热得很。

　　在西门内看到八哥、乌鸫、四声杜鹃、大斑啄木鸟、灰头绿啄木鸟、戴胜、金翅雀、雨燕等。在西北空场看到红尾伯劳、凤头蜂鹰、白头鹎、红喉姬鹟、褐柳莺等。在苗圃中看到巨嘴柳莺、极北柳莺、褐柳莺、红喉姬鹟、戴胜等，还看到了久违的星头啄木鸟。今年第一次看到了黑枕黄鹂。

　　这次鸟调我们在每个区都听到了四声杜鹃的叫声，而且都是离我们挺近的地方。它在公园里到处飞。后来我们路过二号区的时候又看到了树鹨和红点颏（红喉歌鸲），这两种鸟都是今年第一次见到。

——栗旭冉

图 1-36 黑枕黄鹂幼鸟

扫二维码，
聆听黑枕黄鹂的叫声

"两只黄鹂鸣翠柳,一行白鹭上青天。"杜甫诗里的黄鹂就是在我国广泛分布的黑枕黄鹂($Oriolus\ chinensis$),也是在北京市区公园里能见到的黄鹂。我国滇西南还分布有细嘴黄鹂和黑头黄鹂,西北边疆能见到金黄鹂。

黑枕黄鹂体长可达23～27厘米,在鸟类中算是中等体型,一袭黄衣令其在视觉上更显突出。当一只黄鹂鸟站在翠柳上鸣叫时,那将是一幅极为抢眼的画面,你甚至会怀疑柔弱的柳枝能否支撑它站稳脚跟。

我第一次在天坛见到黑枕黄鹂时,它们不是站在柳树上,而是选择了苗圃的几棵桑树作为栖枝,腾挪间闪出一道身影,恍如金色令箭。初见之下,令人印象深刻的不是它亮丽的外形,而是叫声与古诗中的画面形成的反差。观看之时,黄鹂鸟未唱出"鸣翠柳"之音,却从桑树上传来一阵阵似猫叫的怪声,难免有些大煞风景。

在一篇名为《黑枕黄鹂孵化拍摄记》的文章中,作者详细记述了大连地区一对黑枕黄鹂从产卵抱窝到哺育幼雏,直至幼鸟出巢的全过程。黑枕黄鹂的巢,呈袋状,悬垂于侧枝,离地六七米高,较隐蔽。雏鸟出壳后,作者观察到了黄鹂亲鸟吞食雏鸟粪便的行为,同样的行为也存在于对乌鸫的观察中。研究者推测,这种行为一方面能保持巢内清洁,另一方面对忙于捕食育雏的亲鸟来说,刚出壳的雏鸟粪便(实为粪囊,包裹排泄物的是一层韧性极好的蛋白质膜)含有营养成分,可以作为补充能量的物质[36]。

另有研究者分析了黑枕黄鹂的鸣唱特征，发现当其进入繁殖期后，以五音节鸣唱最为多见，并认为五音节歌曲的主要意义是以鸣唱宣示繁殖地盘（所谓"占区鸣唱"），因而在筑巢期使用的次数最多[37]。黑枕黄鹂鸣声多变，另有六音节、三音节的鸣唱等。在北京郊区有稳定的黑枕黄鹂繁殖种群，如有机会可在春末夏初去一饱耳福，听一听真正的"两只黄鹂鸣翠柳"。

21 穿花衣的小家燕

2013 年 5 月 4 日

多云，气温 15 ～ 22 ℃。

公园中的树叶明显比前几周更茂盛了，在树叶中观察柳莺之类的鸟也更加不容易了。我们在西门内看到了大嘴乌鸦、灰椋鸟、珠颈斑鸠、八哥、黄眉柳莺、大斑啄木鸟等，在杜仲林附近看到了红喉姬鹟，还有一只叫声非常好听的乌鸫。西北空场的二月兰还在盛开，天空中的家燕和楼燕的数量都不少，只是没看到金腰燕。电线上和草尖上停着很多黑喉石䳭。正当我们看黑喉石䳭的时候，高空中飞过一只大型猛禽，疑似金雕亚成鸟。

——要旭冉

图 1-37 家燕幼鸟 王自堃 摄

扫二维码,
聆听家燕的告警声和叫声

图1-38 两只"吵架"的家燕幼鸟 王自堃 摄

"小燕子，穿花衣，年年春天来这里。"我们从童谣中就熟知的这种夏候鸟，逐渐在城市人的生活中缺席。高楼大厦内越来越难见到燕子巢了，相比钢筋水泥上空盘旋的鸽群，在楼宇间逐浪般追食飞虫的家燕（*Hirundo rustica*）反倒变得陌生起来。

家燕繁殖于北半球，冬季可经非洲、亚洲南迁至巴布亚新几内亚、澳大利亚。2013~2015年三年时间里，天坛鸟调中家燕第一次出现的时间都是4月6日，堪称守时的模范。考虑到这一时段的鸟调隔周一次，或许有家燕早至3月末即返抵天坛而未被记录到的情况。

一份根据桂林市雁山气象资料做出的家燕物候（物候记录的是同一时间、同一地点的环境变化，即阴晴冷暖、花开叶落、鸟兽聚散）研究显示，1月平均最高气温升高1℃，家燕始见期将提前约1天[38]。所谓"春江水暖鸭先知"，一方面，鸟类敏锐地察觉出环境温度变化；另一方面，全球气候变暖已经显著影响了鸟类的迁徙周期。

回说那首童谣。家燕背羽钢蓝、喉部锈红、腹部洁白，何来"花衣"之说呢？或许只有尾羽上的10枚白斑称得上"花哨"。又或者，"穿花衣的小燕子"指的是腰身赤黄的金腰燕，两者时有混群，在空中绕飞。观其剪影，金腰燕的两根外侧尾羽更显修长，腹部颜色较家燕晦暗。另外，两者虽同"巢于梁间"，但家燕多营巢于室内且巢为碗形，而金腰燕多营巢于室外，做壶状巢[39]，侧面有洞口供出入。我观察到的一处金腰燕巢，筑于乡村院门门楣下，壶口处有新泥接续，仰视仿若长颈烧瓶。据住户讲，该巢每年都有扩建现象。

喜在屋檐下筑巢的家燕并不惧怕人类。唐末五代谭峭撰《化书》中曾云："元鸟（燕的雅称）之为物也，时游于户，时亲于人，而不畏人，而人不扰之。"家燕也有"乙鸟"之称，源于它们飞鸣时发出"乙、乙"的叫声。英国作家菲利普·霍尔（Philip Hoare）在《海洋之歌》（*The Sea Inside*）一书中讲述了燕子在西方得名的典故：那里的基督徒相信，燕子曾经飞临耶稣受难处，并发出音如 svala 的叫声。svala 在斯堪的纳维亚语中意为"安息"，因此燕子的英文名即为与其谐音的 swallow。

遇到低压天气，贴地飞行的它们经常在游人身边擦掠而过，滑翔时的最快飞行速度可达 27 米／秒。研究人员运用高速摄影技术拍摄到了家燕在滑翔过程中翅膀的翼型变化，在高速飞行时折叠翅膀成后掠型翅翼，在转弯时则伸展翅膀增加阻力 [40]。这个结果并无出人意料之处，我想说的是，如果四周环境非常安静，你能听到一只燕子在空中急速转弯时发出的细微声响，那是一种类似骨关节缺乏润滑时的"咔、咔"声。

飞行专家同时也是家装高手。家燕有利用旧巢的习性，也称"归家本领"。春天飞回繁殖地的它们会将旧巢内的垫材叼出巢外，另垫以新鲜干净的底物，如羽毛、干草等 [41]。一些影像作品反映了家燕的这一习性：镜头里的它们纵身滑翔，回首轻衔白色绒羽，摄像定格在了"比羽毛更轻"的瞬间。筑巢时，家燕与金腰燕会从池沼边或水潭中衔泥成丸，混合羽毛、杂草、毛发等堆拢为巢，所谓"卷幕参差燕，常衔浊水泥"（顾况《空梁落燕泥》）。

出巢后的家燕幼鸟常成排站在电线上，等待亲鸟如蜂鸟般悬空喂食。事实上，家燕选择巢址时就倾向于巢周围有电线可供栖息，而空中喂食的行为也被认为是亲鸟在教授雏鸟学习飞翔与捕食[42]。家燕幼鸟两肩披有白羽，仿佛是出生后被授予的美丽新世界肩章，这倒不由得让人想起了那句"小燕子，穿花衣"，也许指的就是小家燕吧*。

有趣的是，相比身体其他部位，刚出生一周左右的家燕嘴裂增长较快[43]。研究者猜测是因为嘴为接受亲鸟喂食的器官，早期生长较快利于雏鸟更好地进食，仿佛家燕刚一出生，就懂得了"工欲善其事，必先利其器"的道理。

---

* 黄瀚晨按：曾有媒体报道，负责影片《护士日记》主题歌的王云阶先生看到了《小燕子》这首儿歌，他认为第一段最适宜谱曲入歌，建议将"小燕子，穿黑衣"中的"黑"字改作"花"字。

22 魔性的四声杜鹃

2013 年 5 月 12 日

天气多云转晴，无风，20 ～ 30℃，到处枝繁叶茂、鲜花烂漫。

本地繁殖鸟正处在繁殖高峰期，亲鸟们整日忙忙碌碌地觅食、喝水、嬉戏、沐浴、求偶、筑巢和趴窝，我们看着也替它们高兴！

过境鸟走了一批又来一批，这也是吸引我们这季节外出观鸟的一大原因。这几天正是林鸟迁徙的高峰期，陆续在公园里发现有长尾山椒鸟、红尾伯劳、白眉鹟、宝兴歌鸫、黑卷尾、灰头麦鸡、四声杜鹃、红喉歌鸲、黄脚三趾鹑、栗鹀等，天空中还有鹊鹞和凤头蜂鹰前来凑热闹。

依然有用诱笼逮鸟的、耍大鞭的，听别人说流浪猫前些日子又逮了一只鸟。苗圃到处施工、无人看管，门口枸橘枯死，还有一只白眉鹟受伤了。

候鸟年复一年地从此经过，面对现状，它们很有可能另辟蹊径，但哪条迁徙路和哪片林子才是它们的安全场所？今天是鸟儿们失乐园，明天或是不久的将来，失乐园的又将会是谁？喜欢观

图 1–39　四声杜鹃

鸟的朋友这时应该出来看看，看看野鸟以及它们的生存环境，或者可以说，看看我们的生存环境。

——李强

5 月上旬，四声杜鹃（*Cuculus micropterus*）的歌声在天坛准时响起，不知你感受如何，反正在我听来总有种四面楚歌之感。人们根据心境或依农事，将这"四字歌"拟曰"光棍好苦"或"割麦割谷"，所以四声杜鹃又有"催耕鸟"之名。

圆润的四声唿哨就像是塞壬的歌声，趁着灰喜鹊意乱神迷之际，"魔性"的四声杜鹃以卵易卵，完成巢寄生的大业。不明就里的灰喜鹊回到被动了手脚的巢中，打量了几眼寄生卵，仍旧一门心思地趴了上去，去孵化异族的鸟孩子。然而，以上情景与杜鹃交尾、杜鹃幼雏干掉"养父母"的卵或雏鸟等，极难亲睹。

贾祖璋（1901～1988）在 1947 年由开明书店出版的《鸟与文学》中，转述了 1902 年 Henry Eeles Dresser 在《古北界鸟类》（*Palaearctic Birds*）一书中对鸤鸠（今之大杜鹃或四声杜鹃）巢寄生行为的一段描述：（鸤鸠）卵或许先产在地上，然后雌鸟再将其衔在口中，放入它所选定的预备为雏鸟作义亲的巢中。

现代研究并没有认可上述现象，来自山西芦芽山自然保护区的研究报道称，四声杜鹃产卵时，先将宿主（山噪鹛）巢中的四枚卵掀出巢外，产下自己的两枚卵后随即离去 [44]。

成语中"鸠占鹊巢"中的"鸠"或指鸤鸠（也有一说"鸠"是指各种小型猛禽，"鹊巢"为喜鹊巢）。在天坛，四声杜鹃会在灰喜鹊巢中产下寄生卵。有资料称，杜鹃会专门挑选缺少一枚卵的鸟巢营寄生。《鸟与文学》中记述："鸤鸠在每一个小鸟巢中只产一颗卵，而一羽雌鸤鸠每年于繁殖期中约隔三四日产卵一颗，共计产二十颗左右，每一颗卵必牺牲其它小鸟四五羽。"

图 1-40　四声杜鹃幼鸟

显然，巢寄生的一大优势表现为产卵数量。寄生卵的大小、颜色、卵斑等特征都与宿主卵相似，且寄生卵的孵化期总是短于宿主卵，所以寄主雏鸟总是先于宿主雏鸟出壳。出壳后的寄主雏鸟羽翼未丰，就当起了小搬运工，背身将巢中未孵化的卵顶出巢外，直到独占一巢为止。贾祖璋在书中言道："大概鸤鸠的义亲都是较鸤鸠体型为小的种类，故为鸤鸠雏鸟得到充足的养分起见，如此独占一巢甚为必要。"

　　在古人看来，杜鹃与鸤鸠各有专指，古诗中经常出现的"杜鹃"并非现今的大杜鹃或四声杜鹃。《杜工部草堂诗笺》卷一九《杜鹃》诗注引《成都记》："望帝死，其魂化为鸟，名曰杜鹃，亦曰子规。"古人为鸟取名，或依鸣声，或凭羽色，"子规"便得名于啼声，传说这种鸟"夜鸣达旦，其声哀而吻有血"。

　　"杜鹃啼血"的传说源自不准确的观察。《本草纲目》记载杜鹃"状如雀鹞而色惨黑，赤口"，"赤口"指口中鲜红色，也即"吻有血"，遂讹传成"杜鹃苦啼，啼血不止"。杜鹃鸟啼鸣似"子规"二字，再结合其"夜鸣达旦""哀诉狂鸣"的习性，则更近似于现今的鹰鹃（*Hierococcyx sparverioides*），当地人因其鸣声俗称之为"贵贵阳"，也叫阳雀。然而贾祖璋在《鸟与文学》中指出，杜鹃鸣声可拟作"不如归去，不如归去"，并描述杜鹃外形特点包括"雄鸟头上灰黑，眼睑黄色""胸部上半微苍，下半及腹部地（底）色白，有多数阔约五六釐（厘）的横条纹""嘴的尖端微微下弯，色黑，基部渐淡，略带黄色，下嘴尤为明显"。且杜鹃因体型较小（"大于伯劳而小于鸼"），故英文名为 Lesser Cuckoo。这与现今小杜鹃（*Cuculus poliocephalus*）的英文名相同。如果你听过小杜鹃五个声调的歌声，是会联想起"不如归去"的。

无论鸤鸠还是杜鹃，其体色、羽斑及飞翔状态皆"状如雀鹞"。诸如莺科、鹟科等宿主鸟见其飞来，误以为是猛禽来袭，惊慌失措间离巢而去，鸤鸠和杜鹃就看准这个机会完成"狸猫换太子"。

贾祖璋在书中还比较了鸤鸠（大杜鹃或四声杜鹃）、筒鸟（因其鸣声好似竹筒吹啸之声而得名，现名北方中杜鹃）、杜鹃（小杜鹃）三者在外形上的区别，并记述了三者的越冬地可达欧洲东南部、非洲、印度、马来半岛等地。

《鸟与文学》出版近 70 年后，2016 年 5 月，中外鸟类研究者在北京野鸭湖湿地环志了一只大杜鹃，并为其安装了卫星定位跟踪器。当年 12 月，卫星数据显示它到达了非洲东南部的莫桑比克境内，并在此越冬。可见几十年间，春去秋来，鸟类的迁徙路线依然如故。

回到天坛西门的杨树林。2014 年 8 月 10 日，我在这里第一次见到了灰喜鹊填喂"寄生巨婴"——一羽体型比灰喜鹊成鸟还大的四声杜鹃幼鸟。这是一个魔性的时刻，类似于英文中的 eye-opener（大开眼界），让你不得不赞叹这诡异又神奇的生命形式。

许多个夏天，我们曾见证灰喜鹊不遗余力地将四声杜鹃从树冠驱离。然而杜鹃的诡计终将得逞，"杀子仇人"的后代又一次抖动弱翅乞食、张开血红小口嗷嗷待哺。灰喜鹊的本能告诉它：喂养，是此时能做的唯一正确之事。

23 听，褐柳莺在唱歌

2013 年 5 月 19 日

阴转多云，气温 20 ～ 30 ℃，风力 1 ～ 2 级转 4 ～ 5 级。

从西门到西北空场看到的鸟很少，不过耳边倒是一直鸟鸣不断，有四声杜鹃、柳莺、沼泽山雀、八哥，还有几种从没听过的鸟叫声。西北空场的树林里有很多红喉姬鹟，两只红尾伯劳老老实实地待在树上，大家正在看着，身后又出现一只北灰鹟。西北空场北边的灌木丛中立起了"禁止捕鸟"的警告牌，还派了专人巡查。

苗圃中很热闹，我们看到了四声杜鹃、柳莺、红尾伯劳、丝光椋鸟、乌鹟、锡嘴雀、绿背姬鹟、三道眉草鹀、蓝歌鸲、白眉姬鹟，还有一只疑似夜鹭的鸟飞过。此外，还有一只鸫，不知是宝兴歌鸫还是虎斑地鸫，只看到了它的肚子。

二号区的红嘴蓝鹊在静静地趴窝，它的伴侣在一旁觅食。

在五号区看到了一只身体褐色、有黄色眉纹的莺，我感觉是褐柳莺。

在四号区看到了黑尾蜡嘴雀和金翅雀。

在三号区树荫下的草坪上，工作人员正在浇水，引来了金翅雀、八哥、灰椋鸟、丝光椋鸟等。

——要旭舟

扫二维码，
聆听褐柳莺的鸣声

扫二维码，
聆听双斑绿柳莺的鸣声

图 1-41 外坛西北角废弃花架上的褐柳莺 王自堃 摄

城市公园里，褐柳莺（*Phylloscopus fuscatus*）大概是黄眉柳莺和黄腰柳莺以外第三种常见的柳莺。它喜于靠近地面的灌丛处活动，总是从一团杂枝穿梭到另一丛乱藤，时常发出如卵石叩击般"嗒、嗒"的鸣叫。红喉姬鹟相互追逐时偶尔也发出类似声响，但音调较褐柳莺更为高亢。

褐柳莺与烟柳莺、棕腹柳莺、欧柳莺、东方叽咋柳莺的亲缘关系较近，在形态上，这一类柳莺共同的特点是上体羽色棕褐，没有翅斑。独特的叫声，配以略黄白的眉纹和修长的体型，使得褐柳莺相当容易被辨认。

迁徙季开始不久，天坛各处便能见到褐柳莺的身影。它们似乎总是单独行动，这一点和巨嘴柳莺、双斑绿柳莺、冠纹柳莺类似，而黄眉柳莺、黄腰柳莺等柳莺多是集群活动的。印象中，褐柳莺的身影多现于灌丛之中。不起眼的外貌给予了它绝佳的保护，如果褐柳莺决意隐蔽在杂草丛中，那就只能闻其声不见其形了。

听惯了机械单调的"嗒、嗒"响，褐柳莺一旦鸣唱起来，真是一鸣惊人，可惜一饱耳福的机会并不多。2017 年 5 月 8 日，我终于在苗圃中录到了褐柳莺的演唱。当时这只褐柳莺活动在侧柏的中上部，我没能立即识别出它，而是听到了一段优雅、自信的鸣唱，它们听起来就像美声唱法的"啾、啾、啾"，音节虽然简单，但与卵石音相比，这简直要算是天籁了。

国外学者的研究显示，褐柳莺能够演绎两种类型的鸣唱，二者分别被命名为句型较单一不变的 *S-song* 和句型多变的 *V-song*。*S-song* 用于领域防御，*V-song* 用于雄性炫耀。褐柳莺雌鸟偏爱与能够维持高振幅鸣唱的雄鸟交配，且鸣唱高质量 *V-song* 的雄鸟能获得更多婚外交配机会，产生更多的后代 [45]。看来，在褐柳莺的朋友圈里，唱功不好就要打光棍啦。

24 红尾伯劳的喊叫

2013 年 5 月 25 日

晴，又是一个艳阳天，上午体感已有暑意，这时的城市公园里到处是游玩消暑的人们。

一进入公园，四声杜鹃的叫声就不绝于耳，环看四周，到处都有鸟儿繁忙的育儿场面。一只乌鸫雄鸟静立在树丛里，也许是累了。不经意间，猛地看到乌鸫上方的树枝上一只乌鸦正在肢解一只不小的雏鸟，旁若无人地大快朵颐，旁边的女士觉得有些残忍。林间也不时地响起柳莺的叫声，但看着实在是费劲。一只星头啄木鸟卖力地敲击着枝干，频率之高让人咂舌。在西北空场时不时有鸟儿飞过，高空楼燕、树间家燕交错而过，这时耳边会响起似红尾伯劳模拟小鸟的细碎叫声，待看清真面目时，发现厚嘴苇莺也发出了类似叫声。

苗圃里，随着桑葚逐渐成熟，来此光顾的鸟儿也不断增多，形成了最后一波鸟情高峰，有黑枕黄鹂、普通夜鹰、红胁绣眼鸟、厚嘴苇莺、白眉鹟、灰山椒鸟、白眉姬鹟、白喉矶鸫等。小太平鸟和燕雀还坚守在这里，让人感到意外！打扫后的苗圃看着还是挺干净的，听说又找出了几个逮鸟的拍子，但人比鸟多还会是常态。

——李强

古人熟知伯劳鸟的鸣声。《诗经·豳风》里有"七月鸣鵙（音'局'）"，《离骚》中载"恐鹈鴂（音'提决'）之先鸣兮，使夫百草为之不芳"，皆是在描述鸣叫。《本草纲目》中指出杜鹃和伯劳两者曾经同名（鹈鴂）异物，而"伯劳一名鵙，音决，不音桂"。"鵙"和"鴂"，这两个名字拟声而取，伯劳的俗称"虎不拉（音'户不喇'）"大约也是因声得名*。伯劳的英文名 Shrike，同样与声音有关，意为"尖叫"。

5 月上旬，天坛始有红尾伯劳（*Lanius cristatus*）过境。此时的西北空场上，小叶女贞、金银木两种灌木正自茂密，犹如绿篱，圆柏林四周高草（主要为二月兰）可及人膝。有时能看到红尾伯劳从电线、天线阵等制高点一跃而下，扎入草丛深处，俄而复又腾起，至高阔处停栖进食。

伯劳属的拉丁属名 *Lanius* 意为"屠夫"。伯劳的嘴壮如铁钩，是撕碎猎物的一把好凶器。尸解后的残体就挂在树木棘刺上，宛如野外烧烤……也有人认为伯劳穿刺食物非为贮存，乃因脚爪不够有力，而借硬刺行"撸串"之事。在天坛，也许是受环境（缺少有刺植物）和停留时间所限，尚未观察到伯劳最著名的曝尸习性。

---

* 黄瀚晨按：《清宫鸟谱》里，牛头伯劳叫"火不剌"，虎纹伯劳叫"鹰不剌"，棕背伯劳叫"锦背不剌"。推测这类颜色差不多的伯劳后来用"火不剌"统称，而各种变音衍生出了如"虎不拉"等各种版本的叫法。灰色系的伯劳以"寒露"为名，区别于褐色系。据马业文在《寻找〈诗经〉里的桑扈》的考证，清时辽北方言称伯劳为"护巴拉"，"巴拉"意为"跟前"或"很近的地方"，"护巴拉"即"保护跟前领地" 的意思，意指伯劳鸟领地意识异常强烈。

图 1-42 落在公园电线上的红尾伯劳　王自堃　摄

　　我曾在西北空场听过一次鸩的鸣叫，那是一只红尾伯劳。它边飞边鸣，嗓音粗砺，像是某种凶恶的恐吓，难怪曹植在《令禽恶鸟论》中曾记述伯劳"其声䴗䴗然，故以其音名，俗憎之也"。有趣的是，习性凶猛的红尾伯劳在繁殖时会联合极其强势的鸦科鸟——黑卷尾，两者在同一棵树上营巢并携手御敌。20 世纪 60 年代，郑光美、魏潮生在北京近郊对红尾伯劳进行研究并报道了这一现象，留下了一段精彩的描述，抄录如下：

> 每当大型鸟类（如喜鹊）在巢区近旁出现时，此两种鸟立即向其轮番攻击，黑卷尾主要是以翅膀扇击。但红尾伯劳对距离巢址较远的鸟类（如高空的鹰）反应微弱，黑卷尾则直上云霄，奋勇冲击，直到将"入侵者"逐出而后止。在这种情况下，可以认为红尾伯劳是处于黑卷尾保护之下。[46]

2016年5月4日，一只看上去不太一样的伯劳藏身于西北空场金银木灌丛下，与红尾伯劳不同，它没有佩戴"黑眼罩"，头顶的红色更浓艳，胸腹部有黑色鳞纹，经辨认为牛头伯劳（*Lanius bucephalus*）。3周后（5月26日），同在西北空场，一只肚白头灰的虎纹伯劳（*Lanius tigrinus*）雄鸟停落于灌丛上方的电线上，只匆匆留下一抹倩影，便倏忽不见了踪迹。这是在天坛较少见的两种伯劳了。

25 小鸫的脸谱

2014 年 5 月 3 日

西北空场上花期超长的二月兰"紫气直冲云霄"，有树鹨在地面活动，黑喉石鵖和红喉姬鹟是这段时间常来此做客的老朋友了。将要走出空场时，三只绿头鸭在天上飞过。最近一周，不少人在天坛中拍到了绿头鸭的身影。

在苗圃外围观看，有一小队斑鸫横空冲出，红喉姬鹟在灌丛中上蹿下跳。星头啄木鸟从枯树枝上将自己发射了出去。金翅雀的巢巳无动静，不知小鸟是否飞了出去。后来高翔还给我们展示了金翅雀卵的照片，引起大家小小的惊呼。

在油松林中，落落带我们去看了小鸫的据点，并近距离欣赏了小鸫的歌喉。想起国外曾有报道说："鸟也会做梦，并且经常梦见自己在白天唱过的歌。"

——方方

图 1-43 小鹀 洪婉萍 摄

小鹀（*Emberiza pusilla*）的头部图案令人联想到京剧脸谱：眼睛上方弯挑白眉纹，下颌处一道曲折白痕，像是毛笔描出的勾脸。纯栗色的脸庞仿佛为小鹀的"脸谱"增添了个性，看起来更像是戏台上的角色了。

顾名思义，小鹀是体型较小的一种鹀。它体长约 13 厘米，背上的纵纹与麻雀的羽干纹相仿。地面、灌丛或矮乔木，都是小鹀与麻雀喜爱的活动觅食区域，所以这两者共享的相似羽色是趋同演化的结果吗？

在北方，小鹀可算是冬候鸟，秋冬季较为常见。它们有时单独活动，也可以毫无压力地混迹在麻雀群中，或成小群活动。上文回顾中，小鹀展示了难得的歌喉，而大多数时候它发出的都是短促、单音节的叫声——"呲"，这种毫无特点的声音也是黄喉鹀、灰头鹀等鹀属鸟类的标配。单凭叫声，我们就知道附近有鹀出没，需注意。

有研究显示，冬天的小鹀都是"小胖子"，体重范围为 12 ~ 20 克。从 9 月开始，小鹀体重逐渐升高，越冬末期达到最高。显然，这是小鹀北迁时体内脂肪逐渐积累之故 [47]。

26 绣眼鸟的大小年

2014 年 5 月 11 ～ 12 日

周日，这天计划是鸟调的日子，哪知闹铃 5 点半响时外面还在下雨，事先短信报名参加的人都不去了。抱着侥幸的心理，我还是在 7 点 20 分来到天坛西门。

没有人在等待，雨还在下，没有停的意思。既来之则安之，我 7 点半准时进了西门，边走边随意看。西门内有灰椋鸟、大嘴乌鸦、大斑啄木鸟、珠颈斑鸠、八哥、红喉姬鹟、乌鸫。中途接到了落落的电话，她刚进西门。后来我们特意来到苗圃，拍了几张建设中的科普基地木屋，拍到了里面的三只红嘴蓝鹊，然后就打道回府了。

5 月 12 日（周一）是个艳阳天，为了完成昨天的鸟调，我独自一人来到天坛。首先发现大批猛禽从天坛上空过境，主要是凤头蜂鹰，此外有红脚隼、燕隼和红隼；其次发现现在正是鸟的繁殖高峰，有灰椋鸟、楼燕、家燕、大斑啄木鸟、灰头绿啄木鸟、黑尾蜡嘴雀、金翅雀、白头鹎、戴胜、乌鸫、红嘴蓝鹊；再次，此时不仅是猛禽过境期，也是林

图1-44 红胁绣眼鸟 洪婉萍 摄

鸟过境高峰期，主要有红喉姬鹟和各种柳莺，以及红尾伯劳、黑喉石䳭、黄喉鹀、白眉鹀、小鹀、红胁绣眼鸟和暗绿绣眼鸟、虎斑地鸫等。前几天还听说有绿背姬鹟和黄雀飞过苗圃。我还看到了两只疑似赤颈鸫的鸟和三只燕雀，并且在南神厨的南边柏树林里看到一只明显是被人放生的红胁绣眼鸟。

——李强

图 1-45 绣眼鸟群 李强 摄

扫二维码，
聆听绣眼鸟的鸣声

绣眼鸟总是成群出现。性情容易激动的它们，在空中舞成一团"云雾"，且边飞边鸣，尖锐的哨音酷似动画片《变形金刚》中激光枪射击时的音效。

在天坛，我总是在神库南侧的侧柏林中偶遇群飞的绣眼鸟，见到的多为红胁绣眼鸟（*Zosterops erythropleurus*）群体，暗绿绣眼鸟（*Zosterops japonicus*）以个位数混杂在红胁绣眼鸟群中，需以极大耐心方能将其筛出。

绣眼鸟得名自其独特的白色眼圈，仿佛针线绣出的一般。绿色的小身体有着很好的隐蔽色，置身于树冠中的它们就如同一片片静默的绿叶，而腹部的白色又能助其隐于天空。这种体色模式被称为"反荫蔽"，是现代动物中常见的保护色。

据青岛市鸟类保护环志站 1998 ~ 2000 年的研究显示，两种绣眼鸟均喜结群迁徙，少则十几只，多则数百只。红胁绣眼鸟的迁徙数量呈现"大小年"之别。其中，1998 年在枣山、老鸦岭、浮山三点仅环志 23 只，而 1999 年在枣山、老鸦岭两点网捕环志 343 只，两年相差 320 只。迁徙期间两种绣眼鸟在停歇地逗留的时间较短，多数匆匆而过 [48]。

天坛中观察到的情况与此类似。绣眼鸟往往停歇一两天就杳然无踪，有些年份数量多到令人咋舌，有些年份又难以见到。而当它们成百只出现时，令人不禁怀疑是否附近有人放生。因其身形小巧、体色爽目、鸣声悦耳，绣眼鸟常为南方笼养鸟的对象。本性食虫的它们，也常因营养不良而横死笼中。

秋季天坛内，红胁绣眼鸟还会聚众啄食成熟的柿子。瓦蓝天空下，只见若干绿色小鸟在红果与黄叶间穿梭往来，栗色的两胁仿佛是因贪吃而留下的果肉汁痕。

27 左右晃尾的山鹡鸰

2014年5月18日

星期天,晴,气温19~30℃。午间已有暑意,近些天持续走高的气温也为夏天的来临做着准备,大家观鸟要抓紧了。

西门内四声杜鹃的"光棍好苦"不时响起,之后的几个区也出现了它们的身影。继续向北前进,头顶只黑卷尾飞过。褐柳莺的叫声很像鹅卵石的撞击声。

空场上空阿穆尔隼和燕隼相继飞过。耳边响起了疑似树鹨的尖细叫声,只是没能找到它们。黑枕黄鹂一晃而过,与它一同出现的是红尾伯劳。感觉此次红喉姬鹟的数量直线下降。草尖上的黑喉石䳭不见了,原本随处可见的柳莺更是没看到几只。

苗圃西边,一对踱步的山鹡鸰给大家带来了惊喜,无奈距离较远,不太容易观察,它们不一会儿就钻进了那片蕨类植物里再没出来。一阵"布谷"传来，是大杜鹃的叫声。它们在天坛的数量低于四声杜鹃，其中主要的原因是四声杜鹃寄生在灰喜鹊的巢中，而大杜鹃主要寄生在苇莺巢，所以大杜鹃多见于湿地苇丛附近。它们在天坛属于过路鸟。

——落落

图 1-46 山鹡鸰 李兆楠 摄

扫二维码，
聆听山鹡鸰的叫声

山鹡鸰（*Dendronanthus indicus*）要算是天坛的稀客了。根据目击记录，它总是在苗圃附近活动，也许苗圃四周的核桃林对它有股特殊的吸引力。上文回顾中提到的蕨类植物（肾蕨）曾在苗圃外被反复种植过几次，终因生境不宜而死亡。

一份来自山西的研究报道称，山鹡鸰主要栖息于低山丘陵地带的森林环境中，尤以稀疏的次生阔叶林中较为常见，常单独或成对在林中空地、林缘、林中河畔以及村落附近的高树上活动，常见其沿着树枝奔驰，栖止时尾左右摆动[49]。

值得一提的是，山鹡鸰不仅体色、斑纹独一无二，嗓音也十分特殊，唱歌如同拉锯，令人过耳不忘。在鹡鸰科鸟类（包含鹡鸰和鹨）中，具有左右晃尾行为的只此山鹡鸰一家（其他鹡鸰科鸟类上下弹尾），也算是"物以稀为贵"了。

鹡鸰的英文名 Wagtail，意为摇尾巴，鹡鸰属的拉丁名称 *Motacilla* 也含有这个意思。从分类上看，山鹡鸰隶属山鹡鸰属（*Dendronanthus*），而城市水域附近常见的白鹡鸰、黄鹡鸰等则位列鹡鸰属，亲缘关系相对较远。照此看来，山鹡鸰的"特立独行"也是情有可原了。

28 神秘来客：栗鸦（yán）

2014 年 5 月 25 日

阴，气温 26 ℃。共到场七人，其中有一名小学生。

西北空场上，红尾伯劳和黑卷尾相继亮相，上空有凤头蜂鹰和阿穆尔隼飞过。陈老师提醒大家天线上有只红嘴鸟，看清楚后发现居然是只蓝翡翠！翠鸟在没水的天坛出现，不知何故，感觉有些奇怪。

斋宫东侧，本次活动最大的收获出现了，一只极其罕见的濒危鸟——栗鸦在草丛中安静觅食。它的正常迁徙路线是由中国台湾等地沿海岸线一路向北至日本，出现在内陆是第一次被记录到。栗鸦的食性不同于一般的鹭科鸟，它是以蚯蚓为食的，这也容易解释它出现在天坛的原因。希望它在通往繁殖地的途中一路走好！

丹陛桥东侧，再次观察到红嘴蓝鹊，它的嘴里似乎叼着什么东西。在鸟友的相机中大家才看清楚，那是一颗带柄的樱桃。

罕见的明星鸟栗鹀为北京鸟种增添了一个新纪录，据说全国没几个人看到过它，期待"神坛"能带给我们更多的惊喜！

——落落

不经意间，第一章《春之声（2～5月）》迎来了尾声。这一则鸟调回顾记录下了曾在天坛逗留过的重量级访客——栗鳽（*Gorsachius goisagi*）。而蓝翡翠在城市公园里也不是寻常可见的。若论鸟种的传奇性质，可能在数年间也难有其他鸟调记录能与之比肩。

关于"鳽"字，国家动物博物馆的张劲硕博士有过一段解说，其大意是鳽为"开鸟"的俗字，读音应作 yán。郑作新先生在《世界鸟类名称》中也明确注音为 yán。

暂且放下这生僻的"鳽"字，来看看栗鳽的体貌特征。这是一种体型矮扁的褐色鹭鸟，体长近半米，相比其他鳽类，它的嘴明显偏短偏小 [50]。鸟调当日，观鸟小分队观察了十分钟后，发现栗鳽被一只喜鹊驱赶，停在斋宫东侧林中稍远处。如同大麻鳽一样，栗鳽在受惊时也竖起脖颈，自信地伪装成一棵宽胖的植株，突兀地站立在山麦冬丛中。小分队则继续沿着鸟类调查路线行走，离开了神秘的栗鳽。

栗鳽出现的消息一经发布，次日清晨，数人前往天坛寻找，无果。其后一周又有多人前往，仍未发现它的踪迹。可以认定，这只栗鳽在天坛只作了短暂停留，很可能是迁徙途中的迷鸟。这也是栗鳽出现在北京的首笔记录。

资料显示，栗鳽在日本繁殖，除部分在繁殖地南部越冬，多数迁往中国台湾和菲律宾等地越冬。迁徙时部分个体经过我国上海、香港、福建等地，迁徙时间为春季 4～5 月、秋季 9～10 月，为我国罕见的过境鸟。由于繁殖地和越冬地森

图 1-47 逗留在斋宫人工草坪上的栗鹀 李欣 摄

图 1-48 栗鸦与观鸟者"狭路相逢"后飞上了柏树　李欣　摄

林遭砍伐，栗鸺数量在持续下降，全球仅存 2000 只左右，已被列入世界自然保护联盟（IUCN）的《2012 年濒危物种红色名录 ver3.1》，等级程度濒危（EN）[51]。

生命始于奇遇。关于生命起源，一个广为人知的推测是，四十亿年前的地球上，一些有机物质在原始海洋中积聚，因为一些偶然的外部因素，由相遇进而聚合成大一些的分子。随后，又是一个偶然的时刻，这些有机大分子具有了自我复制的能力，生命从此诞生、演化，走向了一个物种形态极其繁杂多样的新世界。

一小队观鸟爱好者与神秘过客栗鸺的相逢，无疑是一次妙不可言的偶遇。如果没有这张珍贵的记录照，可能很难让人相信栗鸺曾经来过天坛。而照片的拍摄者李欣是第一次参加天坛观鸟活动，他第一次使用这台长焦相机，就拍下了这不可复制的瞬间。

第二章 夏之巢（6～8月）

29 戴胜的弹道

2012 年 6 月 2 日

阴，气温 24 ~ 28 ℃，微风。

头一天刚下过雨，公园里空气很好，不过刚进西门觉得鸟情不像预想的那么好。根据往年的经验来看，天坛公园春季观鸟最好的时间是 4~5 月，但没想到刚到 6 月鸟情的变化就已经这么明显。原本随处可见的柳莺销声匿迹了，西门内的乌鸫也不见了……

西门内看到戴胜、家燕、楼燕、金翅雀、白头鹎、星头啄木鸟、大斑啄木鸟等。空场上看到戴胜、红尾伯劳、八哥等。耳边一直能听到四声杜鹃的叫声。戴胜巢里的小宝宝已经很大了。苗圃中看到戴胜、黑尾蜡嘴雀、白头鹎、丝光椋鸟、黑枕黄鹂，还看到一只白色的寿带。

——要旭舟

戴胜（*Upupa epops*）可谓"国民鸟"。每年 5~6 月间，鸟类繁殖期来临，天坛西门那几棵虬曲、粗硕的老槐树下就排起了"长枪阵"，鸟友们抓拍着亲鸟在巢洞外悬飞喂食雏鸟的瞬间。凌空舞动黑白相间的双翅，竖起小麦色僧帽般的羽冠，加之细长如吸管的喙部，赋予了戴胜"花蝴蝶"般的气质。戴胜本性并不惧人，这给了人们近距离观察它的机会，甚至于繁殖期，面对洞口外的"长枪短炮"，它也能从容完成育雏任务。

在 2016 年 5 月 22 日的鸟调中，鸟调小组曾目睹两只戴胜迎面上下翻飞、翩翩斗法，好似蝴蝶戏舞，这大概就是雄体间的争雌现象了。雌鸟在一旁隔岸观火，与得胜者结为伴侣。另有一说，繁殖期雄鸟会为保护领地而大打出手。戴胜营巢的树洞，通常为啄木鸟的旧巢，一窝产卵 5 ~ 10 枚，孵化期 18 天左右，出壳后雏鸟经亲鸟巢内喂育 18 天后方可离巢，还需经 10 ~ 18 天的巢外育幼期才能独立生活 [52]。注意这些数字，一般来说，鸟类的孵化天数与育雏天数（不含巢外育幼）约略相等。

在城市里，纵然有人不知道"戴胜"的名字，也不会对这种长着如啄木鸟一样的长嘴、头上羽冠倒立的鸟感到陌生，因为它实在是太常见了。

戴胜隶属犀鸟目戴胜科，分布几乎遍布全国，国外见于欧亚大陆和非洲，是以色列的国鸟 [53]。"戴胜"之名，我国古已有之，所谓 "胜"，指古代女子的一种头饰。当戴胜对四周环境警惕或情绪激动时，冠羽便会篷立散开，形似华美的冠冕，因此其中文名含义就是"戴着胜"的鸟。

图 2-1 "花蝴蝶"戴胜

图 2-2 戴胜在荒地里掘食 王自堃 摄

扫二维码,
聆听戴胜的告警
声和"咕咕"声

很多人对戴胜的另一个名号也不陌生，即"臭姑姑"。概因戴胜亲鸟不像其他鸟类那样有衔粪囊的行为，它从不处理雏鸟粪便，任其散落巢中，加之在孵化期雌鸟的尾部腺体又会排出一种很臭的棕黑色油状液体，据说离巢很远就能闻到臭味。2017年5月，天坛西二门外的道旁古槐上有一个较低的戴胜巢洞，不过在实际观察中，未能闻到异味。看来若要寻得"真味"，恐要探近洞口方可。

如能近距离观察戴胜，请留意聆听它的叫声，成鸟会发出"唑、唑"的尖细音，有时边飞边鸣，此外，戴胜还会发出一种"咕咕——咕"声。2017年9月25日，我在万丰公园的树林中，看到一只站在杨树高枝上的戴胜颤动"喉头"，发出这种深沉的"喉音"。戴胜英文名Hoopoe即拟声于此，所谓"臭姑姑"的"姑姑"相信也是由此而来。

戴胜还曾归入佛法僧目，后又单独划为戴胜目。2008年，戴胜又和犀鸟合并为犀鸟目。根据微博网友"南川木菠萝"的科普，犀鸟的吞食方式被科学家戏称为"弹道运输"（ballistic transport），犀鸟目的戴胜显然也深谙此道。它常于地面取食昆虫或蚯蚓，用一根向下弯曲的喙在泥土中探寻美味。2017年1月27日，一次在天坛西北空场的观察，我看到戴胜衔住小虫后一个仰头，嘴微张，虫子随即沿着喙的弧度划出一条美妙的死亡弹道，成了果腹之餐。

冬日里的戴胜，在西北空场的荒地里掘食，它长嘴在前、冠羽在后，头部上下摆动犹如一台勤奋的磕头机（游梁式抽油机），努力提取着地下的"石油"。

30 红嘴蓝鹊的口红

2012年6月9日

阴，气温24～28℃，微风。

我们在西门附近看到了八哥、大斑啄木鸟、星头啄木鸟、灰头绿啄木鸟等。西门内的明星——戴胜一家吸引了许多观鸟者、拍鸟者，同时也吸引了公园内几只刚刚出生的流浪猫。我们在树林中还听到沼泽山雀和另一种山雀的叫声，应该是褐头山雀。在空场上看到金腰燕、白头鹎、金翅雀，还看到一只黑眉苇莺，不知它为何来到这里。红尾伯劳还在老地方，只是数量少了很多。

苗圃中还有黑枕黄鹂，只是它不怎么叫了，可能只剩下一只了，此外还有黑尾蜡嘴雀、蓝歌鸲。拍鸟的鸟友还看到了紫啸鸫。另外，李强提到有人5月底在苗圃拍到的可能是紫寿带，那将是一个很好的记录。

高翔在二号区找到了红嘴蓝鹊的巢，有一只正在趴窝。离红嘴蓝鹊巢不远，大斑啄木鸟也在树洞里飞进飞出，里面的幼鸟还时不时探出头来。

——要旭冉

寻找鸟巢，有时全凭运气。2016年5月初，我行至百花园，忽然听到两声嘹亮的呼哨。循声而至，见两只红嘴蓝鹊（*Urocissa erythroryncha*）在一棵蒙古栎上蹦跳。很快，其中一只红嘴蓝鹊趴进了细树枝搭成的碗状巢中，身子埋没不见，巢边露出一截长尾。如果不是眼看着它跳进巢中，几乎没有理由关注这里的树冠层。

　　这棵蒙古栎旁边是一个热闹的"歌舞场"。树下一条灰砖小径蜿蜒而过，通向不远处的场地中。每到周末，便有"音响爱好者"载歌载舞，音箱中传出震耳欲聋的乐曲，围观的群众相当入戏，不时送出慷慨的掌声。将巢建在"闹市"的红嘴蓝鹊，难道已经适应了人来人往的环境，竟然大胆地开始孵卵了吗？经过几周观察，也许因为巢址太过暴露，易受行人干扰，这里终成弃巢。

　　回顾中记录的红嘴蓝鹊，与我观察到的红嘴蓝鹊恐是同一对。天坛是它们的固有领地，从西门、苗圃到百花园、丹陛桥，都是它们圈定的觅食场。这对红嘴蓝鹊几年来繁殖不辍，先后在元宝枫和栎树上营巢，并带着幼鸟离巢活动。红嘴蓝鹊父母似乎不会与后代分享自己的领地，天坛红嘴蓝鹊的数量一直在2～4只间循环（也曾达到6只）。幼鸟后来去了哪里？这对伴侣又是如何在天坛定居下来的？目前看来，天坛能够容纳的红嘴蓝鹊家庭数量为1个。

　　不论从哪个角度看，红嘴蓝鹊都是容易辨识的：女高音般的嗓音极富穿透力，身后拖曳着飘飘欲仙的长尾，两根中央尾羽的长度几乎与躯干等长。它的面容也很独特，头顶一抹雪花

图 2-3　巢中的红嘴蓝鹊亲鸟

图 2-4　红嘴蓝鹊育雏，左为成鸟

图 2-5 斋宫附近铁艺护栏上的红嘴蓝鹊　王自堃　摄

扫二维码，
聆听红嘴蓝鹊的鸣声

白，整个喙部涂抹着烈焰唇彩，颈上铺开黑围嘴，看起来妖娆妩媚。虽然外表出众，但作为鸦科鸟类，红嘴蓝鹊兼具凶狠与智慧。

在许多野外记录中能够看到，它捕食蛇、蛙、壁虎，也会主动攻击驱赶猛禽，不过主食依然是昆虫。据统计，一只红嘴蓝鹊一年可消灭松毛虫一万五千条左右，能保护一亩油松林免受危害 [54]。而聪慧如红嘴蓝鹊，还会将巢址建在靠近公路一侧的行道树上，并不避讳频繁的人来车往。研究者推测此种筑巢策略是利用人类活动影响，使猛禽不敢轻易接近，有利于孵卵育雏 [55]。

红嘴蓝鹊还有贮藏食物的习惯。在天坛，每到秋季，它们会将采集到的果实藏到树木枝干的坑洼处。有时也会跟踪松鼠，待松鼠前脚刚刚塞好松果，红嘴蓝鹊后脚就赶到将其挖出。观鸟者曾拍摄到过红嘴蓝鹊藏匿核桃的行为。

在苗圃，有一处灌丛角落常被拍鸟人用于诱拍。那里有一个下凹式井盖，只要在井盖凹陷处蓄满水，使其与地面齐平，就可吸引鸟类前来洗澡（相反，如果水池高于地面，会令鸟类感到不安，无法达到引鸟的目的）。那些注意个人卫生的鸟类在附近的高大乔木上早已留意到水坑，待判断没有危险后便会纷纷下落地面，畅快地洗上一个凉水澡。红嘴蓝鹊当然也喜欢水浴，当它们滑翔而来时，会驱赶水坑中的其他鸟类，独享浴池。

红嘴蓝鹊幼鸟有着与成鸟不一样的外观，尚未形成突出的中央尾羽，嘴的颜色橙黄，还没有到被允许涂"口红"的年纪。

㉛ 白头鹎（bēi）的方言

2012 年 6 月 24 日

阴，气温 24 ～ 28 ℃，微风。

前一天刚下完雨，空气很清新，西门内的戴胜巢已经鸟去巢空了。西北空场的野草被除去了，像刚剃完的板寸似的，失去野草保护的鸟儿便不在这里了。在苗圃中看到了金翅雀、戴胜、丝光椋鸟、灰椋鸟、白头鹎等。高翔还带我们看了白头鹎的巢，里面有五只雏鸟刚孵出来也就一两天的样子，眼睛还没睁开。

二号区红嘴蓝鹊的巢中有了新变化，两只大鸟不再趴窝了，它俩一飞出去就是半个小时到一个小时，回到巢里待五到十分钟就又飞走了。我们觉得红嘴蓝鹊的雏鸟已经孵出来了，只是它们现在还太小，看不到巢中有任何动静。最近陈老师一直在观察红嘴蓝鹊的繁殖并做了很详细的记录，周六观察的时候还意外地看到了鹰鹃！

快走到四号区的时候下起了雨，我们就朝西门走了，路过红嘴蓝鹊的巢时我们又看了看，它们又出现在巢附近，距上次离巢大约一个小时。

——要旭冉

图 2-6　叼取人造物作巢材的白头鹎

扫二维码，
聆听白头鹎的邀配声

如果想专心写封情书时，遇到一位手里揉着核桃的老者，那"叽里咕噜"声怕是让人不能忍受吧。白头鹎（Pycnonotus sinensis）的鸣啭就是类似揉核桃的奇怪单曲。

白头鹎拉丁名中的种名是 sinensis，意即"中国的"，它曾经被认为是只分布在中国的一种特有鸟。目前，白头鹎共有 4 个亚种，分别分布在长江流域、华南、台湾和琉球群岛。其中，白头鹎的华南亚种头顶是黑的，但依然被唤作"白头鹎"。

白头鹎不仅亚种众多，鸣声也各有所异，甚至同一个亚种在不同的地区也会产生不同的鸣唱曲调，被鸟类研究者戏称为"方言"。中国学者分别研究了武汉和杭州两地的白头鹎指名亚种（拉丁名为 Pycnonotus sinensis sinensis，第三个拉丁语词为亚种名，指名亚种名与种名一致）。丁平、姜仕仁（2005）指出，白头鹎在杭州市区至少有 8 种微地理鸣声方言，每个微地理鸣声方言都有一种典型鸣句，在听感、波形结构、音节组成、音节频谱特征等方面均不相同。此外，杨晓菁、雷富民在武汉的研究显示，相距 2.5 公里（也就相当于两站地）的白头鹎就能产生完全不同的鸣唱共享群体，但他们的结论似乎不支持武汉地区种群存在方言[56]。

无论如何，白头鹎是一种爱学习的鸟类。它们可以从邻居那里学习鸣唱，并在模仿中加以发挥或窜改，形成自己独特的曲调。"唱跑调"的现象发生得如此频繁，致使我们在北方和南方甚至在两个不同街区，听到白头鹎的"求爱歌"都带着"口音"。

研究显示，俗称"夜莺"的新疆歌鸲（*Luscinia megarhynchos*）每只个体能唱 100 ～ 300 种不同的歌（Todt，1971），褐弯嘴嘲鸫（*Toxostoma rufum*）每只个体的鸣唱曲目能达到 2000 种以上（Kroodsma and Parker，1977）。比起这两位"麦霸"，口音有别的白头鹎属于小曲目歌手，白头鹎雄鸟献给"姑娘"的鸣唱曲目仅为 1 ～ 3 种，所以在我们所来，无论是"白头鹎东北话"还是"白头鹎河南话"，至少主旋律还是那耳熟能详的"叽里咕噜"。

白头鹎是一种分布区快速北扩的鸟类。2000 年前后，山东、河南、河北及北京地区都留下了它的首笔分布记录（张正旺等，2003）。2012 年 10 月，辽宁沈阳也记录到 30 余只白头鹎指名亚种，是目前白头鹎分布区最北的据点 [57]。有研究者认为，这种北扩现象源于全球气候变暖，大量物种随之向地球南北两极扩散。

32 丝光椋鸟的发型

2012年6月30日

没有留下名字的记录者写道：

当天早上较凉爽，中午有些暴晒，气温 25 ~ 33 ℃，能见度很好。这个季节很多小鸟都已出巢，园里到处都感受到浓浓的亲情。灰椋鸟、丝光椋鸟和金翅雀的小鸟跟在亲鸟后面学着觅食；灰喜鹊的小鸟则停留在树枝上静等亲鸟喂食；而戴胜、喜鹊幼鸟好奇心强，自己独立地探寻着这个未知的世界；白头鹎和红嘴蓝鹊繁殖较晚，它们的雏鸟还在巢里待着，心安理得地享受着父母的照顾。

丝光椋鸟（*Sturnus sericeus*）雄鸟头部羽毛银中带黄，在颈部成丝状散开，让它看起来像个染了发的不良少年。丝光椋鸟雌鸟的"头发"颜色没有那么酷炫，不是银发，而是浅褐色。实际上，丝光椋鸟的拉丁种名 *sericeus* 意为"丝绸"，就是形容其羽毛的质感。

同为椋鸟科椋鸟属成员，在灰头土脸的灰椋鸟面前，丝光椋鸟连名字也透着洋气，令见到它的人总是愿意多看上两眼。不过丝光椋鸟在北京地区原没有分布，实属"北漂"一族。"自然之友野鸟会"天坛鸟调最早于 2005 年和 2006 年连续两年间，都发现了丝光椋鸟在柏树树洞中的繁殖巢。

2014 年 4 月 26 日，我们在西门附近看到一只丝光椋鸟雄鸟叼着小虫钻进了侧柏的树洞。怀着敬畏之心，大家期待着这只鸟能再有所动作，但它怀着警惕之心，守卫在巢穴的旁边，注视着我们的一举一动，不再有所动作。

查阅文献发现，在警戒时长上，丝光椋鸟和灰椋鸟的确差异显著。丝光椋鸟几乎每次育雏后都会停留在巢穴附近执行警戒，而灰椋鸟的停枝警戒时长明显短于丝光椋鸟 [58]。也难怪在那次观察中，我们的耐心到底输给了负责任的丝光爸爸。

我曾在神库北侧见到过灰椋鸟与大斑啄木鸟争夺枯柏上的树洞。格斗异常激烈，最终还是"租房客"灰椋鸟得胜。同样，丝光椋鸟也营巢于阔叶树天然树洞或啄木鸟废弃的树洞中。

有趣的是，研究人员发现，丝光椋鸟产下的卵明显小于灰椋鸟的卵，单枚卵重差异达到了 1 克以上，而成体的丝光椋鸟

图 2-7　丝光椋鸟雄鸟　王自堃　摄

和灰椋鸟体型接近，均为 24 厘米左右。这就意味着丝光椋鸟雏鸟出飞，需要更多的食物资源以及更好的亲代抚育，因此丝光椋鸟在育雏次数上明显高于灰椋鸟。

好了，在结束本篇之前，还是要提及丝光椋鸟的一个小秘密。这就是，丝光椋鸟会将卵产在同类的巢中，由同胞代为孵化养育，这种现象被称为"种内巢寄生"。研究人员推测丝光椋鸟的巢寄生与有限的洞巢资源相关。

成为一个观鸟初学者后，曾有三种声音令我困惑不已，这就是灰椋鸟、丝光椋鸟和八哥的叫声。这三者时常令我难分彼此，继而张冠李戴。能够对它们的叫声稍加分别后，你可能会发现，丝光椋鸟的声线在三者中最为柔美。

33 楼燕的家

2013年6月1日

晴，气温 26 ~ 32 ℃。

物候真是神奇！刚进6月，公园中的鸟立马就减少了，西门内没有了往日的热闹，一直走到杜仲林才看到两只乌鹟，还有大斑啄木鸟、灰头绿啄木鸟。灰椋鸟还在树洞里进进出出忙着哺育幼鸟，戴胜那边却已经鸟走巢空。四声杜鹃还在卖力地叫着，几只金翅雀欢快地飞过。杜仲林里灰喜鹊也在忙着哺育下一代，一抬头就能看到四五个巢。西北空场的植物非常茂盛，但只有灰椋鸟、家燕等。

在五号区斋宫附近看到了楼燕、灰椋鸟、丝光椋鸟等。

——要旭冉

民谚有言："立夏鹅毛住，小满雀来全。"每年 5 月下旬，小满一过，迁徙季差不多也就到了尾声，各类繁殖鸟开始登场展示建筑艺术。

某些鸟的巢一向与人类的建筑结合无间。雨燕科的普通楼燕北京亚种（*Apus apus pekinensis*，又称"北京雨燕"）就有一种"大隐隐于市"的气质，它将巢筑在中国传统建筑亭台楼榭的檐下瓦隙，在巢外像飞镖一样穿梭来去、育雏觅食。据称，楼燕的飞行速度可达每小时 110 公里，当黑月牙儿般的翅翼从头顶飞掠而过，你甚至能听到空气的颤栗。

楼燕脚部短（跗蹠仅长 10 毫米）且四趾朝前，平地起降十分困难，需借助一定高度滑入空中，因此巢高通常不低于 3 米，且在巢外活动中从不停落。

饲喂雏鸟的时候，楼燕用"小短腿"扒住房檐，把飞捕于空中、在口中团成球的美味昆虫，一股脑塞给雏鸟。山东青州的一份观察记录显示，楼燕喂雏的食物非常单一，研究人员检视一只幼雏的胃，发现全是当地山区常见的一种带翅蚂蚁 [59]。20 世纪 50 年代兰州的观察显示，楼燕成鸟离巢 1 小时左右捕虫 281 只；出壳后 10 天左右的小鸟，每天由成鸟供给的昆虫为 248 只；雏鸟发育至 20 天左右，饲喂昆虫量可达 3675 只；快出巢时（40 天左右）为 6927 只 [60]。可见，楼燕是名副其实的大胃王。

天坛的一些古建筑（如内外坛墙四个方向的门）在顶部装有细密的防护网，就是为了避免鸟类筑巢，以防鸟粪侵蚀木构

图 2-8　准备降落的楼燕伸出脚趾　王自堃　摄

图 2-9　楼燕探头打量

图 2-10　楼燕飞出瞬间

图 2-11　百花亭檐下飞楼燕　王自堃　摄

件。目前，天坛内楼燕的繁殖场多集中于斋宫，隔着斋宫外干涸的"护城河"，每每可见楼燕镰刀状的黑色剪影在切风，耳畔充斥着它们尖锐的嘶喊，那是颇有一些神经质的高频叫声。

2017年5月26日，我在天坛百花亭偶遇了亭檐下的楼燕。眼见着一只楼燕用小耙子似的四趾攀在亭角，我心中一动，想到曾经在天安门观礼台下见过繁殖期的楼燕，也是这般轻踏椽缘下的孔隙，将食物嘴对嘴喂给雏鸟。相比于斋宫，百花亭的观察位置更为有利，一来没有"护城河"的阻隔，二来檐角高度适宜拍摄，甚至可以较为轻松地看到孔洞中的情况。

围着百花亭转了一圈，终于在东南角的亭檐孔洞中找到一只趴伏着的楼燕，它双翅反剪、交错于背后，昂着棕黑色的小脑袋，露出白喉。也许是镜头快门的声音打扰到了它，这只楼燕发现我后，先是抻抻脖子，随后警惕地抬起身子，一飞冲天。整个过程发生之快有如电光石火，事后查看相机连拍，才看到楼燕出洞前的细微动作。

燕去洞空，洞内没有雏鸟，也看不到巢材。也许这只楼燕刚刚入住"新房"，"暖房"还未结束，就被我这个不速之客打扰了。我站在亭外观察，发现附近盘旋的楼燕也越来越少，只得结束了当日的等待。

又经过几周的观察，我再也没有在百花亭见过趴窝的楼燕。没有第一手观察资料，只好再去搬运文献。前面引用的山东青州记录，提供了一些关于楼燕巢的相当有趣的信息。他们观察到，楼燕会在砖瓦平房的第一排瓦下空隙处选好巢址，用爪子把瓦下泥土掏出成洞。楼燕巢一般建在离洞口 15 厘米左右处，主要由禾本科草茎杂以塑料纸、破布、棉线、麻、羽毛、废纸和少量泥土筑成，呈圆浅碟状。此外，有的楼燕会利用以前的旧巢，也会占用麻雀的巢穴。

从筑巢行为，就可以发现楼燕与衔泥筑巢的家燕、金腰燕等燕科鸟类不同。现代的鸟类演化研究发现，雨燕科在演化上的近亲实际上是蜂鸟，雨燕、蜂鸟和夜鹰具有共同的祖先。

每年 4 月间，楼燕在京城广厦间成群出现，筑巢繁殖直至 7 月中旬离开。现代立交桥桥梁连接处的孔隙也成为它们的新家。燕从何处来，又往何处去？2015 年，北京观鸟会与国外鸟类学家合作开展了"北京雨燕项目"，运用绑定在楼燕身上的光敏定位传感器，得到了楼燕迁徙路线的答案。研究人员读取光学传感器的数据判定，每年 3~4 月，它们从南非顺风迁徙至欧亚大陆繁殖，北京是最远的繁殖地之一；每年 7 月左右，无风的季节，它们离开繁殖地，以每次飞行 1000 公里左右停歇一次的节奏返回南非越冬，在地球表面划出一道壮丽的半弧。

34 黑卷尾的时钟

2014年6月2日

　　西门附近有大量巢洞、巢窝，是看巢的好地方。辛勤育雏的成鸟站在离巢不远的树枝上，守护着巢址。丝光椋鸟似乎只热衷树上的洞穴，对它们来说，这就像是独门独户的别墅。灰椋鸟更"工薪阶层"一点儿，大空场上的木质天线杆是它们的集体宿舍……

　　随着云层渐开，天空中露出淡蓝色的空隙，五只黑卷尾列队向北飞去，黑尾蜡嘴雀夫妇在老槐树上唱着自己的口哨歌。向苗圃行进时，听到星头啄木鸟的叫声，随后它们自己飞出来证实我们所听不假。一路上能看到不少笼鸟，或被悬挂于树间，或被提着游走于行道，此时在笼外已没有它们的同伴。

　　　　　　　　　　　　　　　——方方

图 2-12　黑卷尾　穆贵林　摄

2016 年夏天，西门外的杨树上，一只黑卷尾（*Dicrurus macrocercus*）衔起枝条，像是要筑巢了。这意外之喜并没持续多久。一周后，黑卷尾连同它刚刚动工的巢，都不知去向。这是在天坛观察到的第一只有繁殖倾向的"黑黎鸡"。

黑卷尾嗜在拂晓作嘹亮的鸣叫，因此得了"黑黎鸡"的名号。其在北京的繁殖地远在郊区山野，城里人无缘聆听这黑色的时钟报晓。

当迁徙的黑卷尾在城市上空轻飘飘地移动时，它独特的"丫"形尾化为两根黑色指针，仿佛在为季节的更迭读秒。黑尾蜡嘴雀的叉尾在某个方面像是失真版的卷尾。有一天，你看到一只鸟，拖着一个黑色的汉字"丫"在空中飞行，那的确是非常独特的视觉体验。但当你离近观察黑卷尾，它深凹的尾羽反而不会被抽象成汉字。只有当它在空中成为一个纸片般的剪影时，我以为那才是它的卷尾最为美丽的时刻。

黑卷尾有蚁浴的习性，对它们而言，清除皮肤寄生虫最有效的东西就是蚁酸。身为鸦科鸟类，黑卷尾自然也是爆脾气，它不仅劫食育雏的喜鹊和灰喜鹊衔运的食物，还具有强烈的护巢习性，在营巢、产卵、孵卵和育雏阶段，从不准许任何异鸟进入或飞经巢区 [61]。前文（《红尾伯劳的喊叫》）曾介绍黑卷尾与红尾伯劳有同域繁殖现象，双方会共同御敌，必要时主动出击，绝不"手"软。

35 红隼(sǔn)的悬停

2014 年 6 月 15 日

西门折向北，一只大斑啄木鸟吸引了大家的注意，它在树干上螺旋式地攀援，用嘴飞快地在树干上敲击，饶有兴致地寻找着隐藏在树皮内的昆虫。西北空场的左边，成群的燕子在空中盘旋。我们边走边用望远镜瞭望，燕群中有家燕和金腰燕。正看着，空场内的灰喜鹊好像被什么惊了一样"喳喳"地叫着。这时，落落惊喜地喊道："燕群中有一只红隼。"顺着落落手指的方向，我们迅速找到了那只混在燕群中的红隼。很快，红隼停在了一根电线杆上，让我们看了个清楚。落落解释说，刚才灰喜鹊的叫声，是它们发现了红隼而发出的警报声。

——龚梓照

图 2-13 红隼悬停 杜松翰 摄

扫二维码，
聆听红隼的鸣声

忘记了是哪一天，只记得那天风声很大，吹去了我和另一个观鸟者之间的对话。就在西北空场，坛墙上空忽然升起一个熟悉的身影：它迎风鼓翼、尾羽展开如扇，悬挂于空中的某一点，好似一盏猛禽吊灯。

这是一只红隼（*Falco tinnunculus*）在表演定点悬停，它注视着下方的地面，寻找猎物。有时它会从一个悬停点滑翔至另一个悬停点，仿佛有一根看不见的风筝线在背后操控。

名为"红隼"，却需要一个俯视的角度才能看到它呈红色的背羽。大多数时候，我们仰望天空，看到的是它白色杂有黑纵纹的胸腹以及尾羽末端宽阔的黑带，犹如一位高段位的柔道选手。在捕食方式上，红隼更像是一名短跑选手，能在发现目标后从高空冲刺到地面完成猎捕。

20 世纪 90 年代初，山西庞泉沟的研究显示，红隼嗜食啮齿类动物 [62]；一份来自新疆天山的研究报道也提到，红隼最喜欢捕食鼠类动物 [63]；2015 年吉林四平市的一项研究称，红隼有贮食行为，研究人员在一处红隼巢（位于输电线线架上）周围百米内，发现了三只被土块遮掩的小鼠尸体，且小鼠身上有爪痕和血迹，爪痕与红隼脚爪吻合 [64]，为我们揭示了一名"资深鼠类爱好者"的隐秘生活。

红隼喜筑巢于悬崖峭壁，这一习性在适应城市的过程中演化为在楼宇顶部平台营巢，或将巢址落在安放空调室外机的露台，巢材较为简陋，乃至直接在楼顶靠墙的地上产卵。总之，这是一类可以生活在居民区中的小型猛禽，位于食物链顶端的它们，早已学会"寄人篱下"。每当端详红隼眼睛下方的两道黑色髭纹，总令人联想起猎豹，以速度为生的它们，也正与环境的变化赛跑。

36 失落的雀鹰

2014 年 6 月 21 日

还没进西门，就看见一只丝光椋鸟叼着虫子闪过檐角，耳边响起四声杜鹃"光棍好苦"的叫声。早起的大爷大妈们已经在树下开始锻炼了，一会儿蹦嚓嚓，一会儿哼哼哈。

走进杨树林，四声杜鹃的叫声越发清晰起来，一远一近，遥相呼应。等了一会儿，树梢儿上有鸟影飞动，很配合地停在了疏叶斜枝处，用望远镜看，细节却不甚清晰，不过好歹把经常"只闻其声，不见其身"的杜鹃看了一回。又往前走，落落看到了小戴胜和小蜡嘴向成鸟乞食的行为，还帮助我们细细分辨了小戴胜的叫声。

快要走出空场时，雀鹰从头顶冲出来，低空掠飞，后边似有燕子追击。苗圃开始新一轮的装修，灰椋鸟在为学步不久的小鸟喂食。在六号区，两只灰椋鸟因为一只松鼠接近了巢穴而大吵大闹。往回走时，两只红嘴蓝鹊跃上枝头，看到它们有献食行为，疑似正在热恋中，或将开始搭建爱巢。

——方方

图 2-14 雀鹰 "二斑" 王自堃 摄

2017年端午节假期的头一天（5月28日），我遇到了一只雀鹰。

那时春季迁徙已近尾声，我沿着鸟调路线散漫地行走，看到金翅雀的小鸟已经出飞，一只伯劳和一只苇莺在灌木中躲闪，面目不清。行至苗圃外围的核桃树林，我习惯性地抬头望向树冠层，因为这里常常有一些鸫或者山雀。就在这时，正前方接近核桃林林缘的地带，一只扑展着双翼的大鸟降临。

此刻我又忆起那个瞬间。那种圆圆的翅形是典型的森林猛禽标配，利于它在密枝间闪转腾挪；凭借裸眼的一瞥，我仅能从体型上排除，那不是一只莽撞的斑鸠。直到举起望远镜，一只停落状态的雀鹰（*Accipiter nisus*）出现了。

雀鹰和红隼一样，是城市中全年皆可见到的猛禽，但这并不意味着它们是严格意义上的留鸟。有鸟友推测，北京城区看到的雀鹰存在多种居留类型：春秋有迁徙过境的旅鸟，夏冬也能看到来此繁殖或越冬的候鸟，也许也有全年在此的留鸟。天坛中雀鹰停落的记录多为它们冲飞下来捕食，偶尔当着瞠目结舌的观鸟者的面，迅捷带走一只麻雀。

然而，这只雀鹰停落的方式非同小可。落脚点是一株侧柏，它仿佛站不稳似地在斜枝上扇动翅翼，寻找平衡。我隐隐约约看到，它用喙揪断了一束柏枝。此时我已能辨别它的性别，锈红色的脸蛋与红褐色的胸部横纹，昭示出这是一只雄性雀鹰。

令人惊讶的一幕出现了。这只雄性雀鹰在柏树上跳了一番杂乱的"舞蹈"后，一举衔着枝条飞上了一棵核桃树的树冠。

随着雀鹰降落，我第一次注意到在绿得发暗的树冠层中，竟然藏有一个巢（疑为喜鹊旧巢）。这巢像是已经建了一段时间了，雄雀鹰落进巢内，用柏树碎枝在修缮它的育儿房。天坛有雀鹰繁殖？我被这个想法吓了一跳。

观察了一上午，发现这只雀鹰在柏树与巢之间往返数次，看来它很中意从柏树上获取巢材。看它用短而锋利的喙认真地撅着树枝，也是一件相当有趣的事。临近中午，这只雀鹰飞离了核桃林，与此同时，我看到另一只雀鹰从林子上空划过，难道雌雀鹰也出现了？

下午，再次前来寻找雀鹰。郁闭的林木静穆如常，我揣着一个秘密走进核桃林。揪心地找了一阵，巢中没有它，柏树上也没有它，直到扫视巢区（核桃林）东北角的核桃树，在横枝上看见一个站立的剪影，这才放下心来。辨认了一下，应该还是那只雄雀鹰（此时我还没有发现它最显著的个体特征）。

整整一个下午，雄雀鹰几乎一动不动地在"罚站"。不知它为何停工了，也许是上午的工作太辛苦？它对从树下经过的游人并不畏惧，当我离近拍照时也没有惊飞。这种对于人类活动的适应，似乎有些反常。直到后来，高翔告诉我，有些玩鹰人会在繁殖季节放飞猎鹰，从这只雀鹰的表现看，也许它曾经被驯养过。

次日9点30分左右，我到达核桃林。这一次，雀鹰真的不在。站在树下等不多时，雀鹰从北侧飞来，降至巢区外围一棵核桃树粗大的横枝上。它不是空手而归，而是带回了一只猎物！在我的注视下，雄雀鹰大快朵颐起来。它用一只爪子站在横枝上，另一只爪子摁住猎物的尸体，拔毛、撕肉、吞咽，观察四周，继续进食。这仿佛发生在无比遥远的森林里的一幕，就活生生地在城市公园里上演了。

雀鹰的第一张进食照片是9点59分拍摄的。10点07分，我稍一低头，再抬头之际，发现雀鹰已经用膳完毕，它再次飞到柏树上，梳理起了羽毛。然而，我却怎么也找不到猎物的残骸了。由于角度不好，我始终没拍到猎物的全貌，无法辨认它捕捉的是麻雀还是椋鸟。当雀鹰离开进食点后，我围着那横枝的下方转了好几圈，活不见鸟死不见尸，就连飘落的羽毛也已难觅其踪。难道雀鹰把未吃完的食物藏到了树上？又或者它将小鸟的尸骨囫囵吞了？随后这只雀鹰又转入了"怠工"模式，我也于午间离开了。

这一日的苗圃很热闹，槐树上来了一只鹰鹃，桑树上落了噪鹃，时不时能听到噪鹃穿透力极强的"呼号"。下午再次重返核桃林，那只雀鹰又停在了巢区东北角的粗枝上。看它梳理羽毛，胸前膨起一团毛茸茸，实在是一件惬意的事情。本以为它又要度过一个无所事事的下午，转眼却"风云突变"。

起先，雀鹰在我视线的左侧，周围偶有几只喜鹊向它示威，不一会儿也就知趣地离开。忽然，一只珠颈斑鸠飞来落在了山麦冬丛中，一边点头一边踱着小方步寻觅食物。这一切，分毫不差地落入了雀鹰的视野。我先看到斑鸠又飞了起来，随后就有一道"黑光"从天而降，在我无法看清的刹那，雀鹰已经从空中将斑鸠截击，双方共同落进了苗圃内。

这是一道死亡的黑影。但事情发生的经过显然与我看到的顺序相反：一定是雀鹰率先发动攻击，斑鸠匆忙起飞逃命。也就是说，我的反应比斑鸠还要迟钝，根本没有注意到雀鹰的俯冲。如果我是斑鸠，我也就死了。

在苗圃内的石板路上，雀鹰用十字镐一般的脚爪控制住还在做最后一搏的斑鸠，但斑鸠已经没有机会翻身了。当这只雄雀鹰背对我的时候，我留意到它脑后有两块白斑，如同领鸺鹠的假眼，这成为了日后识别它的一个重要特征，于是我给它取名"二斑"。

苗圃内已经到处是刺耳的喜鹊报警声了。我一边拍摄，一边观察周围游人的动静，他们对狂躁的鸟鸣充耳不闻，人间岁月依然静好。大胆的喜鹊就在"凶案现场"逡巡围观，受到干扰的雀鹰脚扣猎物，再度起飞，将斑鸠携至一个树坑旁。这时斑鸠仍一息尚存，不时摆动头部挣扎几下。

雀鹰终于开始"痛下杀手"了。随着它的喙一起一落，白色的绒毛四散飞舞、飘落一地，也一点点带走了斑鸠残存的气息。在拔毛过程中，雀鹰展开双翅控制平衡，决不让猎物尸体的碎屑沾到飞羽，这是一个有着高度洁癖的冷酷杀手。拔毛持续了大约10分钟，苗圃里有一对游人靠近，雀鹰停止了撕扯的动作，警惕地关注来人的方向。思考了几十秒后，这只雀鹰再次扣紧猎物，一飞冲天，飞到了它上午进食的老地方——一棵核桃树的横枝上。

图 2-15 站在巢中的"二斑" 王自堃 摄

图 2-16 雀鹰脑后"二斑" 王自堃 摄

图 2-17 "二斑"进食珠颈斑鸠 王自堃 摄

这次我可不想再跟丢雀鹰进食的全过程。14 点 46 分，我拍下了雀鹰上树的照片；15 点 36 分，雀鹰放下脚边的食物，走到一旁，进食过程历时近 1 个小时。随后，那具无头鸟尸就被遗留在了横枝上。

5 月 31 日，高翔接替我继续"盯梢"这只雀鹰，但未能再见到捕食和筑巢行为。此间曾有鸟调人员在别的区域见到一只脚上带有驯鹰环的雌性雀鹰，但似乎两者未同时出现在一处。这只雄雀鹰的存在，除了我和高翔，再无他人知晓。

6 月 7 日，我终于回到天坛。9 点 30 分，同样的时间地点，同样昏暗的核桃林，我看到了"二斑"，它站在林冠层。只此一瞥，便见它向东飞去。原本以为它又出去捕猎了。但直到下午 4 点，都未见"二斑"回来。又过去一周，"二斑"踪影全无。这一次，我才相信，它是真的走了，巢中空空如也了。也许，这是一只第一次参加繁殖的雄雀鹰，它没能迎来如意的伴侣，在空守树巢无望后，失落地飞走了。

37 北漂的八哥

2013 年 7 月 27 日

一大早天就开始下雨，鸟调开始时，雨也停了。

可能是下雨的缘故，公园里的人不如以往多。在整个鸟调过程中竟然没怎么看到特别喧闹的场景，如唱歌、跳舞和甩鞭等。在路上，我们还看到了"公园游客行为规范告知"的牌子。看来园方开始整顿游客行为了，不错!

夏季的天坛里喧闹不断，主要是灰喜鹊及其小鸟的叫声，间或还有大嘴乌鸦、喜鹊、珠颈斑鸠、大斑啄木鸟、八哥。灰头绿啄木鸟一下子多了起来，看到它们时不时下地吃点投食的东西。天阴气压低，空中也不时看到家燕和金腰燕的身影。在前门，已很难看到楼燕的身影了，但在天坛南神厨附近还有两只没有离去。

苗圃里，星头啄木鸟还在，戴胜有四只，八哥和白头鹎正品尝着构树的浆果。经园方前几天的清理，周遭环境倒是显得干净多了，土坑填了，大棚

图 2-18　八哥翅下的白斑　王自堃　摄

铁架子拆了，还砍掉了一些杂树和灌丛，说是为了保护古树，但还是觉得有的灌丛没必要砍掉，希望园方能真正把苗圃管理起来，保存下北京城里不多的几个"绿岛"。

——李强

图 2-19 八哥

八哥（*Acridotheres cristatellus*）和前面介绍过的乌鸫、白头鹎是三大"北漂"鸟种。

河南一份长达 11 年（1995 ～ 2006 年）的观测记录显示，小部分的白头鹎、八哥、乌鸫于 1995 ～ 1996 年先后从大别山区北飞到郑州，2002 年北越黄河，表现出鸟类南北向的分布拓宽行为[65]。河北保定动物园在 1994 年观察到了八哥的野外繁殖情况[66]。北京野外的八哥种群据说最早发现于北京动物园，后逐渐扩散到全市。

天坛有稳定的八哥繁殖种群，夏天能够看到它们在距地面十一二米高的毛白杨等高大乔木树洞中营巢。椋鸟科的八哥在繁殖习性（洞巢）、鸣声等方面，与灰椋鸟、丝光椋鸟有相近之处。不过我曾经在浙江舟山拍到八哥做编织巢，巢址位于酒店外立面凹陷处，呈碗碟状。

初入观鸟大门，你有可能因翼下的白斑而将飞行中的丝光椋鸟错认成八哥。"八哥"之名，据说就源自飞羽上的这两块白斑；当它们伸展双翼时，翅上两块白色区域遥相呼应为一个"八"字。然而在实际观察中，除非是定格的照片，否则仅凭仰视八哥在空中快速扇翅，根本无法看出"八"的造型。说是两扇明亮的小窗倒不为过，一如明窗蛱蝶前翅上的白斑带给人"窗"的联想。

八哥成鸟前额有长而竖直的羽簇，覆盖到鼻孔附近，犹如上翘的"鼻毛"，成为其显著的识别特征。刚刚离巢的八哥幼鸟暂不具备倒竖的冠羽，看起来反倒有些怪模怪样。八哥喜欢站在松柏的顶端念叨出一串"语句"，相比之下，灰椋鸟的嗓门比它沙哑，而丝光椋鸟不如它饶舌。

38. 沼泽山雀的"奶粉"

2012 年 8 月 19 日

18 日还雾蒙蒙的，19 日转眼天就晴了，气温 25～31℃，阳光明媚，能见度非常高。

西北空场仍在施工，我们当时就纳闷了，为何没什么游客的地方还要铺好几条石板路，怎么着都说不通哇。一路上我们怀着这样的疑虑发现了好几只戴胜，圆柏林里有大量麻雀，一只红尾伯劳忽然出现在我们面前，紧接着我们又看到了第二只、第三只。此外，还有大斑啄木鸟和两只八哥飞过。天空中的燕子已经很少了，只有寥寥几只家燕。

苗圃中依旧枝叶繁茂，我们先后看到了大斑啄木鸟、星头啄木鸟，还听到了沼泽山雀的叫声。听拍鸟的鸟友说有一对白眉姬鹟在里面。乌鸫、红尾伯劳、极北柳莺、白眉姬鹟的出现说明秋季迁徙大幕已经拉开。

——要旭冉

在《熟悉又陌生的大嘴乌鸦》一节中，我们曾提到过"坛红"，也就是沼泽山雀（*Poecile palustris*）。2015年秋日的一个黄昏，我在斋宫北侧的柏树林第一次见到了沼泽山雀的幼鸟。它们没有如父母那样乌黑发亮的冠羽，头顶色泽浅褐的小家伙们显然还涉世未深。此时它们已能跟随亲鸟在树林的中上层自如行进，但还需等待父母口饲食物。很遗憾，当日我未携带相机，没能拍下小沼泽山雀振翅乞食的画面。

沼泽山雀随季节迁移，它们会因冬季到来而下山，循着热岛效应进城取暖，夏季繁殖时则返回凉爽的山区。但显然，养鸟人口中的"坛红"之"坛"，不只是一个地理范围，它还代表了一年四季和生命的轮回。"坛红"也许全须全尾儿都是在天坛出落长大的。

"多年来，我们想寻找它在自然条件下的营巢场所，但总未获得，营巢期曾见口衔绒毛的成鸟飞向有石隙的山地，有可能筑巢于石缝中。"[67]查阅20世纪60年代辽宁草河口林区的一份文献，发现科研人员也曾试图寻找沼泽山雀的巢址，终未如愿。2017年夏天，在天坛西门附近的树林中，我曾有几次追随着沼泽山雀"吃吃喝喝"的鸣声，却终于迷途。这种难以追踪、长相精致的小鸟，究竟在天坛何处繁殖呢？如果每年秋季来临时，我们都能看到一队"褐发童颜"的沼泽山雀幼鸟在欢快地乞食，这场景可比答案重要多了。

除去"吃吃喝喝"的鸣声，在天坛还能见到沼泽山雀站立枝头，高声唱出一种单音节之歌，这似乎是雄鸟在宣示领地，

图 2-20 沼泽山雀 王自堃 摄

扫二维码，
聆听沼泽山雀的鸣声

或者求偶炫耀。上引辽宁文献中记录："受惊时，雄鸟发出连续而急促的'吁嘿、吁嘿'声，雌性则似'吁吁嘿……'或单纯的'嘿……'，嘿的音调常连续十余度而止。"从对"嘿"的描述看，这大概就是那首洪亮的单音节之歌，但看起来又像是在发"空袭警报"。

辽宁草河口林区的研究者们还做了一件有趣的事情，他们观察雏鸟粪便，发现"粪便外有粘膜状物，用手轻取之亦不粘手"，这也就是前文（《古诗里的黑枕黄鹂》）曾经提及的由一层蛋白质膜包裹的雏鸟粪囊，看来摸上去手感还算不错。

繁殖期间，雌鸟每天用 9 个小时来孵卵，每次孵卵少则 4 分钟，最长达 60 分钟，一般均在 20 分钟以上 [68]。在此期间，雄鸟表现得尽职尽责，负责护巢和喂雌鸟。常是雄鸟衔虫飞来，到巢箱附近鸣叫几声，雌鸟闻声即出，在枝头接食。喂食完毕后，雌鸟多行整羽，待雄鸟离去后，再重新入巢孵卵。在育雏期（雏鸟出壳至离巢前，共 16 天），雄鸟又担任起了奶爸的角色，总计喂雏 1073 次，占喂雏总数的 61.7%。

在研究人员有效观察的 14 天中（早 5 点至晚 6 点半），亲鸟共喂雏 1738 次，平均每天 124 次。雏鸟的食物中，昆虫占比达 93.8%，所食昆虫以鳞翅目幼虫为主，其中包括了松毛虫。也许，正是天坛众多的松柏为它们提供了优质的"昆虫奶粉"，才促其在城市中心一代代顺利繁衍。

39 灰头绿啄木鸟的树洞

2013 年 8 月 18 日

　　高气压场控制下的北京上空呈现一片蔚蓝景色，清晨的多云天迅速让位给暴晴的蓝天。燕子翻飞的西北空场上不知为何又拉起了警戒线，天坛里的边边角角总是无法停下施工的节奏。草丛里先是飞过一只红尾伯劳，随后电线上又大大方方落了一只红尾伯劳，作为鸟类"秋运"的先头部队，它足以点燃观鸟者的热情。

　　空场上，戴胜、灰头绿啄木鸟、大斑啄木鸟狭路相逢，各自寻找着树上和草窠里的食源，灰头绿啄木鸟似乎对戴胜"奇怪"的冠子有点儿惧怕，不好意思地飞走了。

　　随后轮到在本次调查中最无视游人的小家伙出场了。苗圃里没见到的星头啄木鸟原来是出门觅食了，一路跟随我们的行进方向，从一棵树跳到另一棵树，与人最近距离估计不到半米，像一台小订书器，在树皮上"哆、哆、哆"……

——方方

图 2-21　灰头绿啄木鸟雌鸟

灰头绿啄木鸟（*Picus canus*）收拢双翅，仿若一枚绿色的炮弹刺入空气，林中不时传出它"浪笑"一般的鸣叫，听起来幽怨绵远。

2016年3月5日的一次鸟调中，众人观看了两只雄性灰头绿啄木鸟求偶竞争的场面。只见两位头戴"小红帽"的啄木鸟男士皆将长嘴直指天空，从左摆向右，再从右摆到左，好似两名指挥家在挥斥方遒，也如击剑运动员在优雅对决。气氛虽然紧张，但两柄"利刃"只有刀光剑影却没有火星四溅。这是一场文明的比武征婚，没有一方会受到身体伤害。

2017年五一劳动节，我在西门北侧的草地上看到一只在地面觅食的雌性灰头绿啄木鸟。据文献记载，它们的主食是蚂蚁，可占总食量的99.9%，其余为草籽和沙粒[69]。不多时，这只伏于草地小径上的啄木鸟，直直飞上一棵10米开外的毛白杨树，像一块苔藓一样"贴"在了一个洞口处！

原来，在树主干离地面七八米高处，有一个外观呈心形的巢洞，洞口周围树皮的深褐色剥落正是由啄木鸟的对趾型利爪长年累月蹬出来的。这只雌鸟没有进洞，一直扒住洞口若有所思，黑漆漆的洞中难道已经有嗷嗷待哺的小鸟了？当这只在洞口"探班"的雌鸟离开后，从洞中忽地探出一只灰色小脑壳，前额处还有一朵红晕，是灰头绿啄木鸟爸爸在装修产房吗？我看到它不时将头伸出洞外，左看右看上看下看，又好像是在等着心爱的姑娘飞回来。不一会儿，它的脑袋完全没入巢洞的黑暗中，隐匿不见。我记住了巢树的位置，此后多次来查看，但仅有一次观察到那颗依然在东瞅西瞧的红头顶，并未看到饲育小鸟的情景。

这是一个奇怪的洞穴，它好像吞噬了灰头绿啄木鸟哺育后代的秘密生活，让我无从观察。直到一个多月后（2017年6月17日），当我再次造访这个洞口，那里又钻出了一个"红头顶"。不过这一次，那朵红晕的范围更大一些，弥散到了整个前额，且这只灰头绿啄木鸟的下嘴也不再是黄色，而是乌黑。神不知鬼不觉，灰头绿宝宝已经出壳了，它从洞中探出头来打量着这个世界。

6月24日，当我再次站在毛白杨树下，发现树洞早已易主，一颗圆滚滚的小脑袋瓜从洞中冒了出来，那是一只天坛常见的北松鼠。

在天坛全年居留不迁徙的啄木鸟中，灰头绿啄木鸟体型最大，雌雄平均体长可达31厘米，大斑啄木鸟雌雄平均体长22.9厘米，星头啄木鸟雌雄平均体长16.4厘米[70]。这三种啄木鸟犹如三道美妙的音阶，合奏出这首生机勃勃的"伐木"之歌。

图 2-22　灰头绿啄木鸟树洞中钻出一只松鼠　王自堃　摄

扫二维码，聆听灰
头绿啄木鸟的鸣声

第三章 秋之徙（8～10月）

40. "女强男弱"的厚嘴苇莺

2013 年 8 月 24 日

这天，清晨多云的天空阻挡了一会儿太阳的威力，这是出伏之后的第一次鸟调。

到苗圃时，李强依照自己的经验先让大家在栏杆外静观，当日最大的收获就这样在看似不经意间到来了。一只厚嘴苇莺出现在灌丛中，我们看得清楚、拍得明白。苗圃里黄眉柳莺、乌鹟、白头鹎已是常客，再加上先已见过的红喉姬鹟，看来很快又要呈现迁徙季"鸟丁兴旺"的景象了。

——方方

厚嘴苇莺（*Iduna aedon*）是天坛中的"麦霸"，它演唱一首完整的歌至少要持续半分钟，单曲循环则会更久。2016 年 5 月 22 日，一个大风天，我在斋宫北侧树林中被它的金嗓俘获，那些繁复的乐句穿越风声，直抵心灵。

厚嘴苇莺长相平淡无奇，体型却大得足以引起你的注意。它喜欢重心不稳地站在树梢上，扯开嗓子欢唱一曲。厚嘴苇莺唱歌的姿势与东方大苇莺（*Acrocephalus orientalis*）如出一辙，喉咙里仿佛有一颗弹球在来回滚动。

厚嘴苇莺主要在我国东北、河北山地和内蒙古等地繁殖 [71]。20 世纪 80 年代初，一份来自长白山的研究显示（那会儿厚嘴苇莺的中文名为"芦莺"），雄鸟在求偶前期划分领地范围时，"常站在灌丛中的高树尖上鸣叫不息，每次鸣啭少则 10 秒钟，一般可达 35 ~ 40 秒钟"。求偶成功后，厚嘴苇莺雌鸟承担了"婚房"的选址和建筑工作，"巢筑在灌木中下层枝权间"，为碗状编织巢，一般 4 天可筑好。

在孵卵期，厚嘴苇莺雌鸟抵御外敌的表现更是担得起"女汉子"的称号。上引长白山的研究报告记录下了有趣的一幕：雌鸟恋巢性较大，一般敌害接近巢时，也不飞去，而紧卧窝中。遇惊时，在巢上飞来飞去，惊叫不停，并有格斗之势。雄鸟听到雌鸟惊叫也飞回巢边，伴随雌鸟鸣叫助威，但雄鸟不如雌鸟敢于接近敌害。

原来，"金嗓子"厚嘴苇莺雄鸟虽能巧舌如簧，却还要靠"体型较小、色暗、很少鸣叫"的"丑妻"来捍卫自己的小家啊！

扫二维码，
聆听厚嘴苇莺的鸣声

图 3-1 厚嘴苇莺 李强 摄

41 乌鹟的溜溜球

2014 年 8 月 23 日

时光荏苒，没想到再次为自然之友野鸟会在天坛带鸟调竟是几年以后的事了。天坛也正是我观鸟之路初始的地方，记忆好似又回到了第一次观鸟时的情景。带着些许紧张，来到了既熟悉又有一丝陌生的地方……

一进西门，大部队率先来到南侧观察，远远地发现了一只小鸟。它从树杈上飞起不远又落回原处，想必是一只鹟科鹟属的鸟。举起双筒镜一看，应该是只幼鸟，距离较远又有树叶遮挡，增加了辨识的难度。幸而凑巧赶上一个好的角度让我确认了那是一只乌鹟的幼鸟。看来迁徙季真的到来了，每个参与者的心里都期待着有新的收获。

我们在野外做鸟调的时候，其实经常会因光线不足、距离过远、位置不当或人为误差等因素而导致信息不足，很难确保辨识的过程中不出现误认。若此时非要定种，则误认的概率会大大增加，这样做不会提高个人的观鸟水平，对鸟类调查的结果更会带来极严重的误导。所以当我们既不能证实，也不能证伪的时候，怎么办呢？存疑！把疑问留在自己的心里，去查阅资料反复对比。随着观鸟经验的积累，碰上这种情况的时候多了，摄取、捕捉信息的能力就会逐步提高，我们做出正确判断的概率也会相应增加，观鸟水平也就随之提高了呦！

再有，当我们使用"亚成"这个词的时候，也应慎重一些。"亚成"一般是指那些在出生后一年内不能达到性成熟的动物个体发育阶段，对于鸟类来说就是未进行繁殖之前的阶段。但大多雀形目鸟类一般可在一年内性成熟，所以很少将"亚成"这词儿用在雀形目鸟类的身上，仅用幼鸟称之。一些国外的英文书籍以 juv.（juvenile）表示幼鸟，以 imm.（immature）表示未成年。国内一些同类著作可能由于语言习惯，直接将imm. 译为亚成，则相对欠妥。因为中文中的"亚成"对应的英文应为 subadult。也许因为这曾经是老先生的语言习惯吧，大多鸟友很少会用"未成年"来称呼口中所谓的"亚成"。

——李兆楠

图 3-2　浓枝密叶中藏有一只乌鹟　王自堃　摄

2013 年 8 月 10 日，西北空场，一只乌鹟（*Muscicapa sibirica*）占据了有利地形，不断从一株草本植物的高枝上俯冲下来捕食菜粉蝶。当乌鹟捕食的画面被尽收眼底的时候，菜粉蝶也像纸片一样被折叠了几次，进了乌鹟的肚子。

乌鹟英文名字 Dark-sided Flycatcher 中的 flycatcher 一词，意即"飞行捕手"（有时也被译成"翔食雀"）。它们占据一个制高点，发现目标后纵身一跃，划出一道 U 形曲线，于空中突袭捕食昆虫。这种如同飞去来器的捕猎方式常见于鹟属和卷尾属鸟类。

鹟属鸟类的站姿秀气而挺拔，神情里有杀手的冷漠与骄傲。这样说也许太过浪漫，但我还想再夸张点儿说——它们好似上帝手中的溜溜球，身上拴着一根看不见的绳，不时被原地甩出，再划弧回收，周而复始。观鸟时请留意线路两侧的乔木，浓枝密叶里，这些小个子猎手不时杀出翠帷，独特的飞行轨迹则是它们留在空中的签名。

与乌鹟同期迁徙的鸟类，较常见的还有北灰鹟（*Muscicapa dauurical*），两者外观相仿，可以从胸部纹路、翅长尾长、眼先颜色以及是否有白色半领环来参考辨识。乌鹟幼鸟背羽常有白色点斑，恍若满身披挂星斗；灰纹鹟（*Muscicapa griseisticta*）则较为少见，胸前装饰着不交叉晕染的黑色条状羽纹。

此外，乌鹟的叫声也值得一听，那是一种细微仿若虫鸣的悦耳鸣叫，可以帮助观鸟者将其识别。只不过，我几次见到北灰鹤时都没有听到典型的鸣声，收集到的录音经比对似乎都为乌鹤。仿佛一出双簧戏，在幕前飞舞的北灰鹤却由幕后的乌鹤配音。灰纹鹤的鸣唱则类似低音版的金翅雀鸣铃。

秋季迁徙的发令枪一响，乌鹤是最先冲上跑道的候鸟之一，可谓"见一鹤而知秋"。

扫二维码，
聆听乌鹤的鸣声

42 三宝鸟的栖枝

2014 年 8 月 31 日

下过雨的北京起了轻雾。从东门进来的落落在苗圃里看到了被喜鹊追赶的三宝鸟，蓝歌鸲还在，早些时候玩摄影的大爷们还拍到了蚁䴕。

在西北空场有红尾伯劳，它们总是隐藏在树枝繁密处，有时候跟背景融为一体。李强看到一只厚嘴苇莺。经典搭配红（喉姬鹟）与黑（喉石䳭）又在眼前，提醒着小朋友，马上就要开学了，你暑假作业还没做完吗?

——方方

图 3-3 三宝鸟掠过苗圃圆柏　王自堃　摄

和前面介绍过的八哥一样，三宝鸟（*Eurystomus orientalis*）翅下也有两扇小窗，不过这窗户不再是白色，而是蓝盈盈的，如同教堂彩窗。三宝鸟英文名为 Dollarbird，不知是否与这蓝绿色的翼镜有关。

高高在上的枯枝是许多鸟类喜爱的"塔楼"，它们可以在那里睥睨下界，享受片刻的安全感。天坛苗圃内就有一棵古柏怒举枯枝，在这一丛枝干间停落过牛头伯劳、乌鹟等观光客，珠颈斑鸠、喜鹊则是那里的老主顾。

2017 年 5 月 13 日下午 3 点，当我习惯性地望向那樛曲万状的枝丫时，一只迎光飞来、体型颇大的黑鸟似要飘然落枝，却被我手中的长焦镜头惊扰，扭头向北飞离而去。照片里，蓝翅下的明窗，暗绿如深潭的体羽，胡萝卜一样的红嘴，告诉我那是一只三宝鸟。5 月 26 日，西北空场的天线阵上也停落了一只三宝鸟。而在 2017 年的夏天，有一对三宝鸟在圆明园繁殖了。

三宝鸟是栖枝爱好者，在繁殖期，它们甚至会为了寻找适当的停栖位置而大打出手 [72]。停栖位置具有共同的特点：位置高、可俯视巢址、视野开阔。三宝鸟占据这些位置既有利于捕食飞行的昆虫，又有利于警戒敌害，而这两点是三宝鸟繁殖成功的关键。

更有趣的是，三宝鸟一旦选定栖枝，就固定不变了，甚至雌雄两亲鸟的栖枝位置也从不互换。不过，机警如三宝鸟，通常在离巢稍远处还有一备用栖枝，当它认为受到骚扰或威胁时，便会转到备用栖枝上观望，直至认为险况解除，才会回到巢址附近的老栖枝上。老栖枝在雏鸟出飞后就不再使用了，但是备用栖枝有时还继续使用。

㊸ 棕腹啄木鸟的花腔

2012 年 9 月 8 日

一则没有留下记录者名字的回顾：上午晴转多云，无风，气温 18～25℃，白露后的第二天，秋高气爽。

进到苗圃后观测到较多的过境鸟种，先后有银喉长尾山雀（感觉现身得有些早，而且就一只）、褐柳莺、黑眉苇莺、星头啄木鸟、发冠卷尾、黑枕黄鹂、红嘴蓝鹊、黄喉鹀等。听说前些日子还有人看到了寿带、绿背姬鹟、红喉歌鸲。9 月 9 日在天坛发现了棕腹啄木鸟、丘鹬、虎斑地鸫和小鹀，还有人拍到了红喉歌鸲雄鸟、白眉姬鹟和蓝歌鸲的雌鸟。林鸟迁徙之风正盛！

图 3-4 棕腹啄木鸟

2016 年 5 月中旬令我难忘。当时正值鸟类迁徙高峰，我在半个月内先后近距离聆听了厚嘴苇莺（见前文《"女强男弱"的厚嘴苇莺》）、褐柳莺、冠纹柳莺（*Phyllosocopus claudiae*）巨嘴柳莺（*Phylloscopus schwarzi*）和棕腹啄木鸟（*Dendrocopos hyperythrus*）的歌，大饱了耳福。在记忆的长河中，这张歌单将不再受时间和地点的阻隔，最终汇成一曲经久不息的多声部合唱。

在这支流动的合唱队里，厚嘴苇莺领衔独唱，拿手曲目为"宣叙调"；柳莺声部相互融合，几只声音清脆的褐柳莺与冠纹柳莺组成了小歌队，声线浑厚的巨嘴柳莺则"独善其身"；棕腹啄木鸟是一位花腔女高音，它会忽然迸发出一串激跃的"咏叹调"，将乐曲引向高潮……

以上过于浪漫的描述源自一次实际观察。2016 年 5 月 11 日，苗圃中央，一条南北向的石板路两侧种植有国槐、柳树、桑树等高乔木，从枝叶间洒出一阵圆润歌声，那是巨嘴柳莺的鸣啭。然而就在这独唱声中，却混杂了"哒、哒、哒"的疾速呼叫，这机关枪扫射式的"哒哒"声忽然升高音调，随即从树冠里射出一只鸟，窜飞不见。

这一串疾速的鸣唱就是棕腹啄木鸟的杰作了。棕腹啄木鸟与蚁䴕同为北京的旅鸟，它们只在春秋迁徙时才会偶现天坛。

此外，棕腹啄木鸟与大斑啄木鸟体型相当，但前者肩部白斑细碎，没有如大斑啄木鸟般形成肩部长条形白斑，二者脸部图纹也完全不同。虽然有时大斑啄木鸟的胸腹部呈现一种陈旧的棕色，但决不会是似棕腹啄木鸟胸腹羽毛的红棕色。当你亲眼见到棕腹啄木鸟时，会立即被它由枕后、脖颈延伸至胸腹的棕红色所吸引，那是一种令人感到温暖的色调，像是生命中途偶遇的炉火。

扫二维码，
聆听棕腹啄木鸟与
巨嘴柳莺的鸣声

扫二维码，
聆听褐柳莺和
冠纹柳莺的合唱

44 相互取暖的银喉长尾山雀

2012 年 9 月 16 日

上午天气晴，无风。

进入西门后看到几只黄眉柳莺在高大的杨树上，又先后听到红喉姬鹟的叫声，同时大家又被灰头绿啄木鸟和大斑啄木鸟所吸引。由于西北空场还在铺路，便直接前往苗圃，在路上还碰到了两只红嘴蓝鹊。

在苗圃里，我们先后有人看到沼泽山雀、红喉姬鹟、红喉歌鸲、白眉鸫、银喉长尾山雀、棕腹啄木鸟、黄腰柳莺、星头啄木鸟、黑喉石鸭。还有在天空中一闪而过的一只猛禽，大家未能看清种类。除了鸟类，大家还看到了一只死刺猬和一只忙于收集食物过冬的花鼠。

——高翔

ложка在俄语中的意思是"勺子",这是俄国人民给分布在俄罗斯及我国东北境内的银喉长尾山雀（*Aegithalos glaucogularis*）指名亚种起的小名。也许,任何一个使用过勺子的民族,在看到长尾山雀时都会不约而同地作相同的联想吧。

在中国,除了勺子,棒棒糖也是对长尾山雀体型的贴切形容。继续比喻的话,有着银色球形身子、勺把儿楔尾的银喉长尾山雀,活脱脱是一根珠圆玉润的盐水棒冰。

银喉长尾山雀在北京为留鸟,如在天坛发现它们,应是从山区迁移而来的。3月中下旬,在离市区最近的百望山上,就有银喉长尾山雀筑巢繁殖。如果看到一只银喉长尾山雀嘴中长满"胡须"（衔着巢材）,可以留意它的飞行路线,也许就能发现"棒棒糖们"存放"小棒棒糖"的冰箱（树巢）,但在观察中请注意隐蔽,不要向路人泄露巢址。

银喉长尾山雀的巢很精致。在筑巢时,它们善于使用工具,会用蛛丝及鳞翅目昆虫之茧丝等丝状物作为"钢筋",缠粘苔藓等物构成外壁,表面还置有和巢位树种颜色相近的饰物,如地衣、虫茧、树皮、小干枝等,以至于它们的巢往往被误认为是树瘤。巢内部用大量羽毛（1000～2000根）编垫而成,出入口还往往用1～2根羽毛遮挡,如同门帘。这样的"独门别墅"既温暖又舒适,空巢时一般较外温高1～1.2 ℃,到孵化后期则比外温高4.5 ℃。银喉长尾山雀年产1窝,产卵10～12枚,在天然空调房内,出壳后的"小棒棒糖们"既不用担心"融化",也不会挨冻 [73]。

图 3-5 银喉长尾山雀

银喉长尾山雀幼鸟离巢后，常落于一平枝上，肩并肩排成整齐的一排（甚至连"勺柄"的朝向都一致），好似幼儿园里"排排坐、分果果"的乖巧儿童。肉串般的队形既适于亲鸟继续饲喂，又能相互取暖。在巢区停留约 2 天后，幼鸟便由亲鸟带领，以家族群形式开始游荡。假如它们下山后碰巧迁徙经过天坛，你将有幸听到它们辨识度很高的颤音演唱，仿佛秋风拂过檐铃。

扫二维码，
聆听银喉长尾山雀
的鸣声

㊺ 爱遛弯的树鹨（liù）

2012 年 9 月 23 日

阴，气温 20 ～ 25 ℃，能见度尚可。

最近一段时间鸟类大批迁徙过境，平时在马路上、小区里经常能看到一小群叫得很好听的鸟迅速从一棵树飞到另一棵树上，就在前几天我还在家附近的树上拍到一只黄眉鹀，因此我对这次鸟调充满了期待。

天边飞来了五只黑耳鸢，它们盘旋着从天安门的方向过来，向永定门的方向飞去。在空场北边的灌木丛，我们看到了褐柳莺、红喉姬鹟、黑喉石䳭，北红尾鸲雄鸟在洗澡，还有四十只暗绿绣眼鸟、十只红胁绣眼鸟组团飞过。

苗圃里就更热闹了，我们看到了黄眉柳莺、星头啄木鸟、红喉姬鹟、巨嘴柳莺、极北柳莺、双斑绿柳莺、黑眉苇莺、黄腹山雀、发冠卷尾、白眉鹀、黄喉鹀、红点颏、棕腹啄木鸟、虎斑地鸫、树鹨、银喉长尾山雀、白眉鸫、红嘴蓝鹊等，拍鸟的鸟友还拍到了白喉矶鸫。整体的数量也相当多，柳莺多到数不过来，黄腹山雀在十只以上，黑眉苇莺五只，白眉鸫三只，红嘴蓝鹊两只。苗圃外面有个捕鸟的挂了四只诱捕笼子。

在斋宫东门看到雀鹰、喜鹊、大嘴乌鸦三鸟混战，五号区还看到一只戴胜。这次鸟调没有看到黑尾蜡嘴雀和金翅雀。

——要旭冉

图 3-6 隐在草丛中的树鹨 王自堃 摄

扫二维码，
聆听树鹨的鸣声

鸟类停落时折拢双翼，如同人类双手反搭于身后。一些鸟走起路来头部一颤一颤、收着翅膀、放低身段，于地面取食，比如树鹨（*Anthus hodgsoni*），就像是背着手遛弯、口中念念有词的老大爷，闲散中可能还透着点儿威严。

鹡鸰科的树鹨也有上下弹尾的习惯，这让它们多少有些臃肿的身体看上去轻盈了些。鹨属鸟类叫声相近，羽色雷同，种间辨识颇不容易。不过树鹨在城市公园绿地中较为常见，其英文名 Olive-backed Pipit 道出了它的羽色特征，显著的橄榄绿后背与耳羽上的白斑为在北京的观鸟者降低了识别难度。

天坛斋宫东侧，跨过一条南北向的砖石路，两片柏树林遥相对峙。林下荒草没踝，循土径前行，可见雀鸟翻飞。树鹨通常四五只一群，隐入草茎丛中，绿羽与四周环境相容无间。它们专注地在草窠里挑挑拣拣，为继续迁飞填饱肚皮，像是忙于拾荒的暴走小分队。如若有人靠近，树鹨们迅速蹿至树上，并发出一连串"六、六、六"的叫声。

树鹨抖尾行为与鹡鸰相似，而求偶期的炫耀行为却与云雀雷同。雄鸟会在空中颤抖双翅或平地飞起展翅斜飞，每日鸣叫不息 [74]。衔草结碗状巢于地面的树鹨，回巢或离巢时均很警惕，当人接近巢时，它们便演技爆发，做出逼真的受伤姿态：一翅扇动，另一翅在地上拖着行走仿若骨折，行调虎离山之计，引开敌害以保护幼雏。可惜，天坛不是树鹨的繁殖地，我无缘亲睹这种影帝级的表演。

46 红脚隼的远征

2013 年 9 月 14 日

又到一周观鸟时，天气多云转晴，到了午间又燥热起来。

在西门向北的石板路旁，一棵枝叶繁茂的树上传出山雀的叫声，大家停步细看，看到了"黄肚皮"，是十只黄腹山雀。

上周，在西北空场上还是草深过膝，这周却已经被剃了"板寸"，喜欢站高枝儿的黑喉石䳭没了站处，后来只在油松尖上见到了两只。远处，有大嘴乌鸦在空中驱赶着什么，举镜一看，竟然发现了今天的第一只猛禽，是只体型比乌鸦小了三分之一的雀鹰。"好鸟不吃眼前亏"，雀鹰与乌鸦缠斗了两下之后也飞远了。大家观兴正浓之时，两只苍鹭又在上空蹁跹而至，向东北方向飞去。随后我们又接连迎来了阿穆尔隼和红隼，特别是这只雌性红隼，站在天线阵木桩上的亮光处，让大家看了好一阵，最后向西侧的空地俯冲而去，犹如跳水皇后。

斋宫附近的柏树林中，三只虎斑地鸫在地上啄食小虫，五只白眉鸫也在附近进食，还有戴胜在远处走走停停。行进中，两只燕隼又进入视野。向神库方向行进时，雀鹰又飞过。三号区的油松林里，没想到又再次看到了虎斑地鸫。草丛中还伏着三只白眉鸫、十二只黑尾蜡嘴雀和两只八哥。在六号区再次见到了四只红嘴蓝鹊。随后是当日看到的第五种猛禽——日本松雀鹰，在迁徙的路上越飞越高。

——方方

原为中国内河的黑龙江，在沙俄迫使清政府签订的不平等条约中，上中游被划为中俄两国界河，俄语称为阿穆尔河。

在黑龙江流域，每年夏季会有一种隼不远万里来此繁殖。雄隼披着黑白二色的羽衣，眼圈呈橘红色，嘟着红辣椒一样的小嘴，穿一双红艳艳的"小雨靴"；雌隼外貌酷似燕隼，但眼下的髭纹不如燕隼浓重，翅型不如燕隼狭长，可作为辨认特征。这种体长28厘米左右的小型猛禽名为红脚隼（*Falco amurensis*），曾因那条河流而得名"阿穆尔隼"。

20世纪80年代国内的一份研究资料称，红脚隼在我国东北、华北、吉林西部和内蒙古东部繁殖，冬季则南迁到华中和福建、广东等地越冬[75]。现代研究通过给鸟类佩戴卫星定位装置（不超过鸟类体重的3%，多为"背负式"，被形象地比喻为"小书包"），记录到红脚隼的飞行里程来回往复可达2.2万公里。

图 3-7 红脚隼雄鸟 杜松翰 摄

图 3-8 红脚隼雌鸟

每年 9 月下旬，红脚隼开始了秋季迁徙，它们从亚洲东部的繁殖地一路南下，飞渡辽阔的印度洋，抵达位于非洲东部和南部的越冬地。这条迁徙路线是否似曾相识？前文（《楼燕的家》）中，北京雨燕便是沿着同一条瑰丽的半弧，往返于非洲大陆与欧亚大陆。

然而，这条漫漫远征路，却为红脚隼引来了杀身之祸。观鸟者 *Robbi* 在《为什么要保护穿山甲？》一文中介绍，在印度那加兰邦山区，每年途经该地的红脚隼，死于猎人之手的多达 12 万～ 14 万只。被捉住的红脚隼，部分被猎人自己享用，部分被烟熏处理后出售[76]。而在如此巨大的牺牲背后，却蕴藏着一个自然的奇观：经过漫长演化，每年那加兰邦山区的白蚁婚飞之时，也正是红脚隼迁徙中途来此停歇之际。红脚隼铺天盖地而来，潮水般淹没了整个山谷。隼群捕食白蚁群的景象在 BBC 拍摄于 2015 年的纪录片《猎捕》（*The Hunt*）中有直观展现。此时，猎人们只要在天亮前挂起雾网，就可以轻轻松松地网罗住起飞的红脚隼了。2013 年，印度官方表示要终止这种大屠杀行为，并为红脚隼的迁徙制定了保护计划。

红脚隼喜爱捕食昆虫、两栖类和小形啮齿类动物，观赏它们飞行时，空中时或掉落昆虫残骸，如同嗑掉的瓜子壳。未来，这种优雅的空中猎手是否还能一边翱翔，一边悠闲地挑选它的昆虫瓜子？

47 风声里的绿背姬鹟

2013 年 9 月 28 日

国庆节前的最后一次鸟调。当天的北京重又迎来雾霾,感觉出门又该戴口罩了。

灰头绿啄木鸟似笑声般的叫声在西北空场上回荡。灰椋鸟以集群形式出现,数十只在天线阵上落脚、喧闹。我们还注意到远处天空中,两只大嘴乌鸦似地痞流氓一般驱赶着一只雀鹰,义愤填膺的雀鹰足足与两只乌鸦抗争了十分钟,最后当然是不欢而散。红喉姬鹟仍然还在饶舌地叫着,不时露出尾羽外侧的白斑。

离开苗圃没多久,我们便在一处人工草坪上看到了一只老老实实的虎斑地鸫。正当我们查看黄腹山雀的动向时,岳老师报告说看到了绿背姬鹟。可惜没有照片为证。

——方方

一阵秋风路过元宝枫林，枯黄与碧绿在枝头招手，耳畔响起风声的悲歌，仿佛深远的隧道回音。这是 2017 年的国庆节，我在天坛寻找一只丘鹬未果。西二门附近的枫树林多年前曾有红嘴蓝鹊筑巢，但我不认为在这里会有新的发现，准备就这样结束平淡的旅程。

　　忽然，听觉的世界里滴入了几滴"墨点"，那是一些单音节的鸣叫，混合在风声里，却没有被稀释。叫声揪住耳朵，我迎着夕照向枫林望去，漆黑的树群犹如提前到来的夜晚。树冠中站着 6 只鹟，我能隐约看到它们的翅斑。逆光观察跳动的剪影——翘尾、挺拔的站姿以及跳水式的飞行，都让我相信那是鹟。

　　当我走近时，它们如此警惕，迅速从枫林的西端蹿至东边，更加难于寻找了。穿过枫林的风最终带走了它们，只剩下枫叶还在舞动。我怀疑那是否是一群绿背姬鹟（*Ficedula elisae*）。我曾在北京延庆海坨山上听到过它们的歌鸣，音阶升降错落，像是一句婉转的问话。

　　从网络上找来它们的叫声录音，经过对比，白日的情景重现，那的确就是绿背姬鹟在鸣叫。树叶挡住了它们小小的身体，使得它们只能用呼叫联络彼此，如同徒步中使用对讲机的驴友。

　　绿背姬鹟原为黄眉姬鹟的亚种，鸟类学家通过鸣唱分析研究，支持其可能为独立种，这一观点现已被广泛接受 [77]。其繁殖地在中国河北、陕西乃至韩国，冬季迁徙至东南亚。

图 3-9 绿背姬鹟 混沌牛 摄

相比于黄眉姬鹟（*Ficedula narcissina*）雄鸟的黑黄配色，绿背姬鹟雄鸟用橄榄绿色的后背搭配腹部的明黄色，减弱了对比，看起来更为低调委婉，也更易隐藏于夏日浓绿的山间。

扫二维码，
聆听绿背姬鹟的鸣声

㊽ 迷路的凤头蜂鹰

2014 年 9 月 21 日

气温 27 ℃，阴天，有霾。

周日，困意伴随着我来到天坛，其实心里还是挺期待一周一次的鸟调的，只不过我的脑袋更眷恋周末清早的枕头。"心"带着"头"就这样和队伍会合了，看到鸟调队伍领队的一身红衣，我的脑袋似乎清醒了，这可以说是天坛最令人瞩目的颜色了，光芒甚至盖过了红色的殿墙。我个人倒是觉得在城市里观鸟，衣着的颜色并非关键，动作行为更会是动物们注意的焦点。你就是用迷彩把自己包成粽子，咋咋呼呼的，鸟也会扇扇翅膀跟你拜拜。

苗圃现在暴露出来了，原来的植被让人从外面很难看到里面的羊肠小道和各种鸟类，现在植被只剩下了三分之一。公园管理方原来的承诺似乎随着如火如荼的建设被"埋葬"了，"祭天礼仪馆"几个金色大字印在红色的大匾额上。摄影爱好者们似乎关心的不是这些，只有当鸟类落到了他们设置的"陷阱"中——露出完美柔润的背景和清晰少见的主体，相机的快门才会响起。

　　"世界需要的不再是那些美丽的动物的图片，"《国家地理》杂志的摄影师 Steve Winter 说，"需要的是这些野生动物和它们在人类周围挣扎着生存的故事。"在"人新世"，无论对于身处何地的生物，人的作用都不可忽视，一个没有人的生态故事，也将是不完整的。我们不仅要记录野生动物和它们美丽的栖息地，也要推动人们去保护它们，让更多人知道，我们的种种不良行为，带给它们的悲剧后果。让"心"伴随你的行动。只有行动才能认识，只有认识才能了解，只有了解才能关心。

——高翔

凤头蜂鹰（*Pernis ptilorhynchus*）曾经在天坛"迷路"。

记得是 2014 年秋季的一次调查，我们清早在西北空场看到 6 只凤头蜂鹰盘旋至天坛上空，它们螺旋式绕飞，寻找着热气流"电梯"。也许是受限于当天糟糕的能见度，当鸟调结束，众人又回到西门的时候，发现这 6 只凤头蜂鹰竟然又盘旋了回来！好似在空中迷了路。

而在 2014 年 9 月 13 日，一次有一百多只凤头蜂鹰迁徙过境的盛况在天坛被观测并记录。当天的回顾作者牛悦写道："它们仿佛绕着一根无形的图腾，虔诚地、悄无声息地盘旋着、上升着，像是一种仪式。"

我们虽然无法用肉眼直接看到热气流，但猛禽盘绕成一个鹰柱，圈出了气流的边界。事实上，它们采取缓慢滑翔的方式，在不同的热气流之间切换，就像是在攀登一架旋梯，直至升到适合的高度后，鹰们像从前进营地开拔一样，又编作松散的一队，向前继续漫长的旅程。此时，如果猛禽的数量够多，会弥散成一条从头前垂挂于脑后的鹰河，在天空中绵延流淌。

凤头蜂鹰头顶后方有短冠羽，看上去像戴了一顶凤冠，"凤头"之名由此而来。它们以昆虫为食，嗜吃蜜蜂的幼虫和蛹。在吃蜂的漫漫演化路上，凤头蜂鹰的眼先、颊和喉部的羽毛呈鳞片状，可以有效遮挡蜂蜇。

另外，凤头蜂鹰体羽颜色变化多端，能模仿其他猛禽的羽色特征，比如蛇雕、鹗、鹰雕等。凤头蜂鹰繁殖于热带地区（中国西南部及东南亚），与更为强大的食肉猛禽同域分布，"剽悍"的造型也许能让性情平和的"蜜蜂控"避免纷争。

图 3-10 凤头蜂鹰集群迁徙 王自堃 摄

图 3-11 凤头蜂鹰身前划过一只失焦的雀鹰 王自堃 摄

49 奔跑的蓝歌鸲

2014年9月25日

　　当天天气如预报的那样阴沉，太阳偶尔出来一下，立马又被轰了回去。我们几人还是满怀期待地开始了今天的活动。

　　在西门集合时就听到半空一群绣眼鸟喧闹着飞过，还发现家燕也在赶路。来到正路上，旁边的大树里几只柳莺也在忙着觅食，仔细观察时一只大型鹭科鸟飞过，抓拍后发现竟是大麻鳽！

　　来到苗圃外围，一只树鹨叫着飞过，一只黑眉苇莺在铁栅栏边的灌丛里机敏地觅食。这时一只灰头鹀雌鸟飞到近前，发现有人又急忙飞走。竹林旁的浓密灌丛里隐约看到有几只小鸟。旁边等着拍鸟的老同志告知了我们一个秘密——鳞头树莺、矛斑蝗莺、红点颏和蓝歌鸲正造访此地，只是灌丛见少，它们停留的时间也短。听说，苗圃将在国庆正式对外开放了，可以想象一个鸟类停歇地或将就此终结。

——李强

蓝歌鸲（*Luscinia cyane*）生性机警，活动隐蔽。它们在林下和草丛中取食，经常以奔跑的姿态出现在观鸟者面前，且跑步姿势不免鬼鬼祟祟——缩头、躬身、小腿紧捯，像一只亡命的小耗子。

　　西北空场的小叶女贞和金银木灌丛是蓝歌鸲钟爱的觅食地。它们在此短暂停歇，以昆虫为食，补充迁飞所需的能量。你若留意，就能听到一种类似石子相碰的低沉的"嗒、嗒"声，比褐柳莺的叫声更为轻微，近似于黑眉苇莺或者点颏的叫声，往往只能闻其鸣，不能见其影，难以近身。

　　灌丛中，蓝歌鸲雄鸟背部的瓦蓝色显得暗淡无光，雌鸟仅在腰部沾有一道"蓝光"，宛如一枚小巧的家族勋章。有时，你能看到一种肩背变作少许蓝色的蓝歌鸲，此为尚未完全换上成鸟羽色的亚成体雄鸟。

　　在天光明亮的空地上，蓝歌鸲雄鸟的羽色令人赏心悦目，背部的石板蓝比红胁蓝尾鸲雄鸟的蓝背更为深沉，而白色腹部与背羽交接处镶饰了一道黑边，更显尊贵典雅。这种蓝天白云般的配色，仿若鸟类迁徙的象征。

　　隐蔽的习性也延续到了蓝歌鸲的繁殖过程中。在我国东北地区繁殖的它们，营巢于郁闭度较大的密林深处，林地阴暗潮湿、苔藓丰美，将巢筑于落叶层或土崖壁洞中，极难被发现。亲鸟在外捕食归来准备育雏时，会先落在树干下部，像䴓一样头朝下抓住树干观望一阵，而后进入草丛中，很机警地穿行至巢旁，再入巢饲喂 [78]。

图 3-12 躲藏在女贞丛下的蓝歌鸲 王自堃 摄

图 3-13 蓝歌鸲雄鸟 洪婉萍 摄

头朝下沿树干速降是䴓科鸟类的绝技，为了哺育后代，蓝歌鸲竟也开发出杂技般的倒吊技能，可以说是很拼了。当然，最令人难忘的还是蓝歌鸲的奔跑。我曾经在玉渊潭饶有兴味地观赏过两只蓝歌鸲，它们无所畏惧地绕着一堆粪便跑圈，并一次次向黑色便便发起冲击。细一观瞧，那是为了用喙啄击逐臭而居的蝇虫。

扫二维码，
聆听蓝歌鸲的叫声

50 沉默的云雀

2012 年 10 月 7 日

晴，气温 12 ~ 23 ℃。

早上一起床就看见天空中成群结队的小嘴乌鸦由北向南迁徙，半个小时内大约有一千只飞过。

七点半进入公园后发现西门附近的鸟并不是很多。我们在杜仲林附近看到了大斑啄木鸟和八哥；西北空场的天线上有很多灰椋鸟；在圆柏林中看到一只褐柳莺，还有几只丝光椋鸟飞过；北边的灌木丛中有一只红胁蓝尾鸲雌鸟，还有一只丘鹬。快要走出西北空场时，天空中出现了一只飞行的长耳鸮。

在苗圃中也看到了丘鹬，还有红胁蓝尾鸲、丝光椋鸟、黄眉柳莺、白头鹎、褐柳莺、黄喉鹀、北红尾鸲、宝兴歌鸫、沼泽山雀、金翅雀等。刚一出苗圃，就看到两只云雀落在一片小空场上，大概是飞累了下来觅食的。

——要旭冉

2013 年 10 月 6 日，我第一次在天坛见到云雀（*Alauda arvensis*）。当时那只云雀的行为状态与这篇回顾中记录到的如出一辙，也是一副飞累了下来觅食的样子。不同的是，我见到的那只云雀是随鸟调队伍在东天门油松林里发现的，而苗圃近些年大概再没有记录过云雀了。

油松林下是人工种植的山麦冬丛，除了寻觅草籽的斑鸠、麻雀，几乎不会有什么鸟青睐那里。而那只懒洋洋的云雀，就隐伏于山麦冬丛中，看起来真的累得飞不动了。它身着麻褐色斑驳的羽衣，素朴得失去特点，如果不是鸟调领队眼尖，大概就要错过它了。记忆中，这只老实的云雀相当配合拍照，但即便这样，我对它也仍未留下足够深的印象。初见之下的云雀，就这样淡淡的像是一缕拂过的风。

2014 年 3 月 23 日，我第二次在天坛见到云雀，这次是在西北空场的灌丛中。云雀依然是蹲伏在草丛中的姿态，只不过仅留下相当短暂的一瞥，它便惊飞而去。

这两次偶遇，传递出了关于云雀习性的一个重要信息，便是它们适应地栖生活，而不树栖，并且主要以植物种子为食。

庞秉璋曾记录，云雀在越冬期间以植物种子及叶为食，所食种子主要为稗、谷、麦、蓼及马唐[79]。经剖胃（149 只）所见，"杂草种子含量甚多，而谷为失落田间的余粒，麦系下种后未萌发的麦粒，一般胃内含量甚少，不过三五粒。麦叶及青菜频次不多。偶食小螺，可能是作为砂石吞食以助消化"。

与迁徙中的沉默低调不同，云雀在求偶时有"情歌王子"

图 3-14　云雀　田秀华　摄

扫二维码，
聆听云雀的鸣声

的美誉。其英文名 Skylark 与中文俗名"叫天子"表达了相同的意蕴，都是对其冲上云霄、凌空鸣啭行为的高度概括。繁殖期的云雀雄鸟鸣唱洪亮动听，在升飞上窜时强力扑翼，以吸引雌鸟的注意。然而，这种"直上云端"的炫技飞行也能招致杀身之祸。根据《游隼》作者 J.A. 贝克的描述，云雀飞行时展露

图 3-15　云雀飞行时展露出飞羽白色外缘　王自堃　摄

的次级飞羽白色外缘与尾羽白边，以及"长时间的高声歌唱""拍打翅膀的声响"都是猛禽眼中的"美食标签"，常能引来致命的空中攻击[80]。

51 迟归的燕雀

2012 年 10 月 28 日

晴，气温 5 ~ 20 ℃。

早上的气温很低，感觉有点冷，公园里秋意正浓，树上、地上一片金黄。

还没进西门就看到好几只白头鹎，在杜仲林附近看到一群燕雀，有五十多只。西北空场的天线上有一些灰椋鸟，还有一只大斑啄木鸟。

在苗圃中看到了燕雀、红胁蓝尾鸲、银喉长尾山雀、田鹀、雀鹰，还有一只黄雀。那只黄雀不怎么怕人，许多长枪大炮围着它拍摄都不怕，疑似被人放生或是逃逸的。另外，据苗圃的田师傅说，苗圃将在几周后被天坛公园收回，不知到时会被改造成什么样子。

——要旭冉

燕雀（*Fringilla montifringilla*）是远道而来的雀形目小鸟，据 2001～2006 年黑龙江省嫩江县高峰林场的环志资料显示，燕雀从中亚（哈萨克斯坦）的环志地到中国黑龙江的回收地直线距离近 5000 公里，"很可能是先北上俄罗斯，再穿过西伯利亚地区来到中国小兴安岭地区 [81]"。此外，中国东部地区（山东青岛、长岛）也是燕雀迁徙越冬的重要停歇地。燕雀在我国的繁殖地仅位于大兴安岭满归以北至漠河一带。

每年秋季迁徙的尾声，就可在天坛乃至各大城市公园见到这种俗称为"虎皮"的雀鸟了。燕雀雄鸟较雌鸟头部颜色偏黑，春季时会加深为油亮的矿石黑。无论雌雄，都围着一副番茄酱色的"前襟"，飞行时则露出晃眼的白腰，如翻翻雪片，而"番茄酱汁"会延伸到它们的肩羽和大覆羽，形成状如"虎皮"的斑纹。

秋冬时停落在公园绿地上的燕雀成群地嚼着草籽，或从柏树上剥食开裂的球果，制造出一种细密的喋喋声，听起来像有许多人在嗑瓜子，也好似雨落林梢。我曾于 2017 年 5 月 13 日在天坛见到一只尚未北迁的燕雀，它发出一种声调近似于鸫、有时又像麻雀的叫声。查阅以往的鸟调记录，2013 年 5 月 25 日、2014 年 5 月 11 日都曾有燕雀滞留于天坛，那是春季迁徙的末班时段。此时，这只燕雀已经换上了黑西服一样的背羽，像一位精心打扮过的绅士，但它需要赶紧飞往北方才能邀请到心仪的舞伴了。

有趣的是，嫩江的环志人员还曾于夜间观察过燕雀的迁徙。

2004 年 9 月 21 日 21 点 40 分至 22 点 30 分，嫩江县城北部江边上空，3 万只左右的燕雀在星光下群飞，数量远大于日间迁徙量。该环志站自 1998~2006 年 12 月末，共环志燕雀 1 万余只，仅回收到 6 只燕雀，其中 4 只包含了异地回收的信息。如大浪淘沙一般的环志回收，为研究燕雀的迁徙途径提供了金子般的基础信息。

图 3-16　2017 年 5 月天坛中的一只燕雀尚未北迁　王自堃　摄

扫二维码，
聆听燕雀的叫声

52 朝九晚五的达乌里寒鸦

2013 年 10 月 27 日

预报说清晨气温只有 5 ℃，微风，多云转晴，雾霾呈回归之势。

在西门外集合之时，忽见八只乌鸦飞过，疑似小嘴乌鸦。大门里大嘴乌鸦的叫声比八哥的聒噪，中间穿插有黑尾蜡嘴雀的哨音。在投食点又见红嘴蓝鹊前来"投机取食"，一只灰头绿啄木鸟雄鸟站在灰喜鹊堆中"教"鸦科鸟如何爬树。往前行进，白头鹎的叫声暴露了身处的位置，同时让我们正巧目睹到一只雀鹰自南向北振翅飞过。在西北空场上又见一串串的灰椋鸟，唐老师说昨日在金银木灌丛中看到了红胁蓝尾鸲。

近苗圃处的松树林里，两只笼子各关着一只山雀挂于当中，其中一只笼子旁边还安有诱笼，穿公交制服的男子就站在栏杆旁边守望着。唐老师拍照取证后，我们在附近的松树上发现了六只左右蹦蹦跳跳的黄腹山雀，怀疑就是被笼中鸟叫吸引来的。

在二号区穿行的过程中，有一群五十只左右的达乌里寒鸦飞过，十分有气势。在路旁的壳斗科树上发现了三只大斑啄木鸟在集体啄树。

进入激动人心的圜丘附近，大家兴冲冲地去找长耳鸮。按照之前高翔提供的情报，我们按图索骥，最终还是唐老师率先发现，努力地拍下了它影影绰绰的萌面孔。

——方方

图 3-17 达乌里寒鸦（左侧的达乌里寒鸦究竟为幼鸟，还是黑色型，目前尚无统一认识） 王自堃 摄

达乌里寒鸦（*Coloeus dauuricus*）的名字中自带"冷气"：达乌里山脉予人低温、冰冷的印象，这注定是属于冬天的一种鸦科鸟类。

达乌里寒鸦是一类小巧的乌鸦，成鸟体长 30 厘米左右（大嘴乌鸦体长近 50 厘米）。其腹部的白色区域沿脖颈两侧向枕后延伸，宛如一条"洁白的哈达"。其叫声也不同于印象中乌鸦的破锣嗓子，而是带一点女孩子气的"啾鸣"。

每年 10 月中旬，生活在市中心的你不妨抬头留意天空，也许就能碰巧看到一线黑云飘过，那是达乌里寒鸦的"集团军"在浩浩荡荡地赶路。几十到数百只个体途经天坛上空，向南飞去，目的地之一便是地处大兴区南海子的北京麋鹿苑。

2008 年 10 月至 2009 年 5 月，研究人员在麋鹿苑累计观察到 3 万余只达乌里寒鸦，它们或在树上停歇，或到麋鹿食槽附近"偷窃"饲料。由于周边缺乏水源，鸟群中 90% 的个体会径直落到麋鹿苑中饮水，而麋鹿苑南边的垃圾场更是达乌里

扫二维码，
聆听达乌里寒鸦的鸣声

寒鸦真正的"食堂"[82]。

　　杂食性的鸦科鸟类，除了以农作物等植源性食物饱腹之外，也会捕食昆虫、两爬，甚至鸟类、鸟蛋等动物性食物，能够满足食腐需求的垃圾堆是鸦科鸟常去的地方。受到城市热岛效应吸引，达乌里寒鸦在秋末10月至次年初春4月间落户城市，变为准时"打卡"的"上班族"，过起了朝九晚五的蓝领生活：白天从城里飞往郊区的垃圾堆、农田觅食，傍晚飞回"四九城"，在高大乔木上夜宿。

　　每年，在某个冬日下午4时许，便可看到乌鸦向城里迁飞的景象，这令人联想起放学归家的孩童，也让人意识到季节的时钟一向守时。值得一提的是，达乌里寒鸦白天虽然以麋鹿苑及周边地区为活动中心，但夜间并不在麋鹿苑休息，天黑之前所有个体均会离开麋鹿苑飞往夜宿地。

　　目前，在天坛还未见到过夜的达乌里寒鸦。

53 盘旋的短耳鸮

2014 年 10 月 12 日

周日，雨转阴转晴。一早掉了几个雨点，开始鸟调后天就一直阴着，结束时才有点放晴的意思。

今天最大的收获就是基本上每到视野开阔处都能看到不止一只猛禽。在西北空场上空突然发现一只"乌鸦"一直在高空盘旋，看着看着就觉得它不像乌鸦了，它有七个翼指，该不会是乌雕吧？结果刚拍了一张剪影，它就飞远了，实在有些遗憾。

今天还看到了两次壮观的南迁大鸟群，有几十至上百只，不知道会不会是达乌里寒鸦，只是怎么也看不到它们身上有白色。苗圃里依然有大群拍鸟的大爷大妈在围观宝兴歌鸫、红胁蓝尾鸲和北红尾鸲。据说昨天来了一只花田鸡。通过照片辨认，12 日的鸟调鸟种还有短耳鸮。

——唐俊颖

鸮是冬季天坛的象征。不过短耳鸮并不像长耳鸮那样在天坛内滞留越冬，它们多为匆匆过客，经常以盘旋绕飞的形象出现在空中。其潜水艇般钝圆的头部明显不同于鹰隼，而翼尖上的黑色条斑是仰观飞行姿态时区别于长耳鸮的特征参考。

一份江苏的观察记录详细描述了短耳鸮的盘旋习性，它们起飞时便开始了不规则的盘旋飞行，巡飞结束后，常会在空中盘旋10余圈，再纷纷下落栖息[83]。在天坛能看到的短耳鸮的盘旋，多为有人靠近后惊飞而起，这些空中的圆形轨迹很快就飘散了，像一缕烟。

同样在这份江苏的观察中，提到短耳鸮"喜栖息于交通不便、人为干扰少的地区……多数栖息于田埂，亦有少数栖息于荒地、坟头或在田边高处"。另一份来自四川南充机场的观察则报道，短耳鸮在栖息地方面"选择了与自己体色相近、高度在20厘米左右的白茅丛群落及坑洼稍有遮挡的地形环境"[84]。与惯于端坐在树枝上的长耳鸮相比，这种对低地的偏好大概是短耳鸮很少在天坛过冬的原因之一。

我初次见到短耳鸮，正是在河北唐山的一片荒地里。观鸟者乘坐吉普车摇摇晃晃地穿越荒草丛，来到一处没有明显标志物的草堆旁，一只短耳鸮就蹲伏在荒草中央的凹坑里，枯草色圆脸盘上的黑眼圈如同焦土般漆黑，让人过目不忘。短耳鸮的耳羽簇比头上的羽毛突出约10毫米，安静时耳羽竖立，受惊、取食和活动时，耳羽反而平伏，头顶变得平坦[85]。

南充机场的这份报告中还提到，短耳鸮是一种典型的过着

图 3-18 短耳鸮 穆贵林 摄于河北乐亭

流浪生活的鸟类，在中国各省均有分布，繁殖于大兴安岭与内蒙古高原的部分地区。此外，短耳鸮在东亚地区分布的最南端位于印度尼西亚的 Kangean 海岛。这让我回忆起一次出海经历，那是 2015 年 11 月，我乘船从浙江鳌江口出发，去往 30 多海里之外的南麂列岛。航行途中，我在船舷旁忽然看到一只过海的猫头鹰，方向与船行方向一致。拍摄之后，我从照片中判断那是一只短耳鸮，大概是要迁徙到海岛上去。

食性方面，小型哺乳动物是短耳鸮食谱上的主菜，它同时也会捕食昆虫和鸟类。1986 年 1 月 28 ～ 30 日，在江苏江都地区观察越冬短耳鸮的调查人员连续 3 天收集到 342 粒唾余，从中检出野鼠头骨 473 个，推算出每只短耳鸮每天平均捕鼠 4.1 只，是地地道道的灭鼠专业户。1987 年发表于《动物学杂志》的《短耳鸮的室内饲养与观察》一文提到，在吃鼠之余，短耳鸮从来不喝水。

如今在"老鼠过街，人人喊打"的城市里，没有了食物来源的短耳鸮，也就只能遗憾地与观鸟者缘悭一面了。

第四章 冬之藏（11月至翌年1月）

54 爱洗澡的黄腹山雀

2013 年 11 月 17 日

　　在冷空气的下沉和扰动下，雾都继续晴好，当天日间气温达到 10℃，风力 3～4 级。

　　进入园内，一行人首先来到了天坛派出所，那儿柿子树上的果实已经所剩无几，鸟也稀少。行进中，头顶传来黑尾蜡嘴雀的叫声，经过一番寻找后，树枝间的身影满足了大家的拍照欲。远处，一只大斑啄木鸟也落入视野。

　　正向西北空场进发时，耳边再次传来伶俐的叫声，拍下一看，原来是只朱雀雌鸟！来到阳光普照的西北空地，班鸫、红尾鸫、赤颈鸫成为了主角，引得大家一阵热议，以辨析它们各自的特点。

　　苗圃里有人看到黄腹山雀、燕雀停留。随后大家快速来到斋宫附近，这里有两只沼泽山雀在枝头叫唤。进入圜丘范围，众人开始了漫长的寻找长耳鸮活动，可惜最终无果。神库附近，在公园里练功的大叔告诉我们早上这里来了群黄雀，顺便又聊起了往日天坛植物繁茂、灵蛇游动的美好时光。

　　　　　　　　　　　　　　　　——方方

图 4-1 黄腹山雀雌鸟

扫二维码，
聆听黄腹山雀
和白头鹎的鸣声

在天坛，声音的来源除了公园广播、播放舞曲的音箱和快板、施工电钻、灌溉喷头等人造物，还有来自自然的合唱：树叶飘落，果实坠地，树枝在风声中折断，雨滴敲打一切……如果你的听力可以接收到鸟声频道，听觉世界会变得更加丰富：喜鹊、灰喜鹊一年到头对各种各样的事情品头论足、横加指责；麻雀整天聚拢在一起，七嘴八舌地计较鸡毛蒜皮；珠颈斑鸠羞答答地在春天发出求爱的低语；白头鹎在冬日仍像神父一样念诵"经文"……进入 11 月，鸟声频道里的节目日渐稀少，黄腹山雀（*Pardaliparus venustulus*）开始接管冬季的"话语权"，它自有一套喋喋不休的"演说"。

黄腹山雀是我国特有的鸟类，在华中、华东、华南和东南地区为留鸟，在北京地区则全年可见，数量较多。它们夏天栖息于海拔 500 ~ 2000 米的山地，在地洞或地面石缝内营巢繁殖，从不像其他山雀那样利用树上的人工巢箱[86]。秋季，黄腹山雀会从高海拔山区向低海拔地区迁移，并受热岛效应吸引而现身城市公园。

夏季在城市中心绿地也能遇到迁徙过境的黄腹山雀，此时它们大多唱着情歌，歌声响亮、充满自信。冬季公园里，黄腹山雀则开始窃窃私语，发出"呲、呲"的刮擦声。对于熟练的观鸟者而言，这些微弱的细语依然是典型的山雀嗓音。成群活动的黄腹山雀在枝叶间穿梭并寻找昆虫类食物时，便会散布内容雷同的"演说"，俨然是一群冬日的"鸟类脱口秀主播"。

2006 年，研究人员在北京小龙门山区收录黄腹山雀鸣唱时发现，相比同域分布的大山雀（*Parus minor*，由大山雀 *Parus major* 的亚种提升为种，现名"远东山雀"）、褐头山雀（*Poecile montanus*）、煤山雀（*Periparus ater*）和沼泽山雀（*Parus Palustris*），黄腹山雀的鸣唱句子最短，每个鸣唱句子均为相同音节的不断重复[87]，可以说是一首简单的"小情歌"。

山雀们不仅夏季同域繁殖，到了秋冬季节，还会混编成一个小团队迁徙越冬。公园中能够看到黄腹山雀、大山雀和沼泽山雀同步移动觅食，其间还混有戴菊、黄腰柳莺，共同组成了一支冬候鸟杂牌军。2017年11月，在这样一拨"移民潮"里，还混进了一只煤山雀，在2012～2017年的天坛鸟调中，这是仅有的一次对煤山雀的记录。

天坛苗圃里的黄腹山雀在拍鸟大爷镜头中留下了诸多"浴照"。前文（《红嘴蓝鹊的巢》）曾有介绍，苗圃内有两处下凹式井盖，独特的造型有点儿像九宫格涮锅，为大爷们经营"天然浴场"创造了有利条件：只消在井盖上倒上半瓶矿泉水，就能吸引各种鸟类前来沐浴。在这处"男女"混用的浴池里，很容易看出黄腹山雀雌雄间的差别：雄鸟头戴黑盔，系黑围嘴，下腹明黄；雌鸟头顶淡绿，喉部偏白，清新爽目。

55 名噪一时的欧亚鸲

2014 年 11 月 16 日

周日，晴，气温 10 ℃，风力 2～3 级。

立冬后的京城一天比一天冷了，APEC（亚洲太平洋经济合作组织）会议过后雾霾又悄悄袭来，还好，今天早上不是那么严重，一号区还没有转完，雾基本就散了。转到西北空场，大家迫不及待地搜寻这两天享誉天坛的小明星：欧亚鸲、红腹灰雀。在老栓老师的指点下，我们找到了红腹灰雀觅食的灌丛，它跳动的身影终于闪现在大家面前。这个小家伙有点像黑尾蜡嘴雀的缩小版，神气活现的它在枝头雀跃着啄食红色的金银木果实。它和欧亚鸲的出现引来了众多鸟友，真不知它们是如何来到此地的，是迷鸟还是有人放生。我们没有等到欧亚鸲，尔后继续鸟调的行程。

我们在四号区找到了天坛的大牌明星长耳鸮，还是在与去年相同的地方，不知是同一只长耳鸮重回故里还是另外一只，从外表看真是不得而知。大家看到长耳鸮的出现都很高兴。我们看到它时，它本来在梳理羽毛，之后便转过身来圆睁双眼，俯视众人。在其他树上没有再发现长耳鸮，难道长耳鸮聚齐的日子就这样一去不复返了吗？这时一小群戴菊不顾游人的喧哗在柏树丛中穿梭，想拍到这些可爱的小鸟也挺不容易的。

在三号区我们看到了翱翔的红隼，还有一只被新鸟友看成风筝的雀鹰。六号区还是一片寂静，山斑鸠也不知躲在哪个角落。想到还未见真颜的欧亚鸲，鸟调结束后我们又回到了西北空场灌丛旁。老栓老师还坚守在此，并且告诉我们那些拍鸟大爷已经开始撒虫儿喂鸟了。这种行为只会导致悲惨的结局，喂熟的鸟不会走了，防备一旦放松，便难逃遭人捕捉的命运。

终于看到了欧亚鸲，它小巧的身影在灌丛中闪现，两只红胁蓝尾鸲不时与它追逐嬉戏。这时传来一阵不和谐的声音：拍鸟的大爷们因为互相干扰而吵了起来，嚷嚷着要把鸟轰走，谁都别想拍。这些人的素质真不配拍这些可爱的小鸟！也好，让欧亚鸲、红腹灰雀飞走去找适合生存的地方，也比让那些撒虫的人害死好。

希望去天坛的鸟友们关注生活在此的鸟类，尽自己的能力去保护它们，鸟类是人类的好朋友！

——晏燕

图 4-2 在天坛短暂停留的欧亚鸲 穆贵林 摄

2014 年 11 月 15 日，穿过月季园往西二门走去时，两个观鸟者之间有了一段对话：

A（回头看一棵白杆的树梢）：咦，那里有一只鸟。是黑头蜡嘴雀吧！

B：什么？不是吧。

A：要不就是锡嘴雀！

B：啊，红腹灰雀！

这就是我第一次见到红腹灰雀（*Pyrrhula pyrrhula*）时的情形。刚刚叫出它的名字，这只鸟旋即飞走了。那是一只雌鸟，

图 4-3 在天坛短暂停留的红腹灰雀 穆贵林 摄

肚子暖褐色似黑尾蜡嘴雀，坚果钳一样的厚嘴似锡嘴雀，头顶羽毛乌黑似黑头蜡嘴雀（当然这都是不熟悉辨识造成的）。它静立枝头，没有鸣叫。此时在天坛中停留的另一位大明星——欧亚鸲（*Erithacus rubecula*），我却一直没有去看过。

欧亚鸲为人熟知的名字是知更鸟（也叫"红襟鸟"），它常见于欧洲和亚洲西部，很少在我国东部出现。2007 年底，北京大学校园曾出现过一只欧亚鸲，算上 2014 年在天坛停留的这只，北京地区仅有两笔记录（2019 年初，欧亚鸲又现身北京动物园）。

鸟类居留类型有留鸟、旅鸟、冬候鸟、夏候鸟、迷鸟之分，系着心形红肚兜儿的欧亚鸲即为典型的迷鸟。机缘巧合下，来自新疆或者中亚地区，原本应该前往印度一带越冬的候鸟，在南下迁徙路上迷失方向，就可能出现于我国中东部[88]。欧亚鸲偶然流落至北京天坛，当然是个小概率事件，但也从另一个方面说明，天坛人工植被环境里的无脊椎动物（昆虫、蠕虫、蚯蚓等）尚能满足此类食虫鸟的口腹之欲。

食物除了草地里的虫豸，还包括拍鸟人诱拍用的面包虫。不幸的是，天坛的欧亚鸲最终误吞了拍鸟大爷用来固定面包虫的铜丝，只怕是凶多吉少。这只欧亚鸲后来迁飞去了哪里，是否还存活，都已无法知晓。

英国外交大臣、观鸟者爱德华·格雷（Edward Grey）在他写于 1927 年的《鸟的魅力》（*The charm of birds*）一书中曾经反思人类寻找鸟巢的行为，他写道："当人们找到并查看了鸟巢以后，会留下一些泄露其秘密的蛛丝马迹，弯下的嫩枝或者被移走的树叶都有可能会吸引那饥饿的寒鸦从上方投来的'殷切'目光[89]。"这些觊觎鸟巢的动物会伺机捕食巢中鸟卵，观鸟爱好者在观察巢中情况时无意间成了"帮凶"。格雷果断放弃了寻找鸟巢的做法，他从此满足于用耳朵听、用眼睛看，而决不去打扰鸟类，以保证它们的幼鸟平安无事。

然而在天坛，拍摄者们为了满足拍照的私欲，无限度地使用投喂诱拍的手段。对于他们，鸟的魅力恐怕早已不是重点。真正吸引他们的，不过是价值数万元的相机那"咔嚓"一声快门，以及数码相片里光鲜的羽毛所承载的一点点虚荣。而欧亚鸲吞食了铜丝的痛苦，也无法终结靡然成风的诱拍。

说回红腹灰雀，它和欧亚鸲一样，分布于欧亚大陆，冬季在我国东北地区有稳定的记录。20世纪60年代和80年代我国鸟类研究者在吉林长白山的观察显示，红腹灰雀每群一般3～5只，在海拔800米以下的中山和低山带活动，常到山区住宅及伐木场、田野取食昆虫[90]。与迷鸟欧亚鸲不同，出现在天坛的红腹灰雀应当属于自然扩散，如同2014年冬和2017年冬出现在北京市区公园的栗耳短脚鹎一样，是罕见的冬候鸟。

我时常觉得，相机镜头中的鸟不如望远镜中的鸟真切。当你按下快门，就中断了对鸟的连贯观察，而就算没有相机的高速连拍，裸眼看一只红腹灰雀飞离杉树枝已足够生动，依然可以感受到自然完整的美。在肉眼的惊鸿一瞥中，"摄"下的不是定格照片，而是场景中流动的记忆和对已逝瞬间的无限留恋。

56 黑头鸭（shī）的大嗓门

2015 年 12 月 6 日

　　冬季天寒地冻，大家都愿意躲在温暖的家里，孰不知这个季节观鸟也会有一些意想不到的收获。西门附近的杨树林似乎有些寂静，偶尔一声乌鸦叫吸引了我们的视线。大家惊讶地发现乌鸦在撕扯着一只小鸟的羽毛，随后它便衔着自己的食物飞走了。这时歌唱家们出场了，有乌鸫、八哥、黑尾蜡嘴雀，一个赛一个，或委婉或高亢地歌唱。一只灰喜鹊把它衔来的果实藏在树洞里，我一直以为这是松鼠的专利。这时突然喧闹起来，松鼠追着灰喜鹊跑，也不知这里到底是谁的领地。西北空场的灰椋鸟队伍庞大了起来，但比起成群的麻雀，它们还是要甘拜下风。

　　苗圃拍鸟大军早已不在，沼泽山雀在枝头跳跃，一只斑鸫把它特征明显的肚皮对着大家，让我们很好地记住了它与红尾鸫的区别。在双环亭附近我们看到了一小群黄腹山雀，在这个位置总能看到它们。在五号区看到一只雀鹰，猛禽的出现令人精神振奋。可惜在四号区我们没能发现同样是猛禽的长耳鸮，听人说前段时间在天坛发现了一只受伤的长耳鸮，这让我们很担心在天坛还能不能再看到长耳鸮。走进三号区，在油松林中发现了天坛的小明星黑头鹀，这是它今年第二次在天坛被记录。我们几个人都是第一次在天坛看到黑头鹀，那个高兴劲儿感染了路人，他们纷纷过来和我们一起观看这个小家伙。黑头鹀也很给力，抖翅倒立，尽情地表演。

——晏燕

年老的油松树皮呈片状剥落，如果四周静息无声，有小鸟沿树干攀援而上，就可以清晰地听到鸟爪踩踏树皮的声响。在这天的回顾中，浓荫如盖、静谧无声的油松林中忽然传出剥啄之声，揪住了观鸟者的耳朵。当我们循声望去，竟是一只黑头鳾（*Sitta villosa*）在像翻动书页一样翻看油松开裂的树皮，寻找食虫。

黑头鳾是我国特有的鸟类，共有两个亚种（S.v.villosa 和 S.v.bangsi），在北京地区分布的是指名亚种，主要栖息于油松林和针阔混交林中，在杂木阔叶林中分布较少[91]。它们冬季在低山带游荡，也可在人造落叶松林见到，北京植物园的油松林中就有稳定的黑头鳾记录[92]。因此，也有人推断天坛东门南侧的油松林中说不定会有黑头鳾出现，毕竟这里有它偏爱的生境。

直到 2015 年的春天（3 月 15 日），天坛鸟调才终于在油松林中记录到黑头鳾，此时出现的它应该正处在向山区迁移的中途。上文鸟调回顾中提到的黑头鳾，不知是否为同一只，也许它在冬季向山下迁移时又一次在天坛中落脚了。

黑头鳾与在北京地区能看到的另一种鳾科鸟类——普通鳾在长相上有些近似。黑头鳾有显著的白眉纹，头顶颜色较深，可与普通鳾相区别。不过普通鳾多分布在海拔千米左右的山区，绝少在城市公园中出现。

我第一次听到黑头鳾的歌声便是在北京植物园，一阵奇怪的类似车辆防盗报警的"笛鸣"引起了我的注意，随后我便在油松的松果间看到一只探出头来的黑头鳾。如同许多身材娇小的雀鸟一样，体长 11 厘米左右的黑头鳾也有着出人意料的大嗓门，这阵警笛式的鸣声震耳欲聋，仿佛是整棵油松在发出警报一样。

图 4-4 黑头䴓喜欢头朝下爬树 刘超 摄

不过，2015 年冬出现于天坛的这只黑头䴓安静又专注地啄食，没有留下任何鸣叫。黑头䴓嗜食昆虫（冬季食虫卵或越冬成虫，春夏主食鳞翅目幼虫）。20 世纪 60 年代一份长白山的研究显示，育雏期的黑头䴓父母每日平均喂食高达 215 次，估算出的单日喂雏昆虫数量可达 400 只，在育雏期间预计可喂食 6800 ~ 7200 只昆虫，这还不包括亲鸟吃掉的虫子在内 [93]。

同样出自长白山的观察，黑头䴓雌鸟在孵卵期间，常常落到枝间"吱吱"叫着等雄鸟喂食，且两翅振动，全身羽毛蓬松 [94]……瞬间萌化成一只装嫩乞食的"雏鸟"。黑头䴓像啄木鸟一样可自行啄洞筑巢，也会利用旧洞或天然洞穴，洞巢树种一般为落叶松。

57 灰喜鹊的脸盲症

2014 年 1 月 26 日

这是农历新年前的最后一次鸟调，也是 2014 年天坛的第一次鸟调，集合的时候在坛墙附近看到了朱雀。

走到双环亭附近，一只被喜鹊追赶得落荒而逃的雀鹰忽然进入了灰喜鹊的包围圈，十几只"小钢盔"从我们面前的树上一跃而起、群起而攻之，犹如丧家犬一般的雀鹰就这么被赶出了视线。向斋宫行进时，大斑啄木鸟和星头啄木鸟出现，甚至还敲了会儿巢箱，试了试"音响"效果。

刚进入四号区，就看到头顶上乌鸦又在驱赶雀鹰，猛禽在鸦科鸟眼里真是不招待见。之后去看两只长耳鸮，剥开猫头鹰吐在树根旁的一枚食丸，发现在鸟类尸骸中还包裹着一个蝙蝠头骨！

油松林里，一群黄腹山雀出来觅食，有人说它们的叫声很像我们想找而未见的戴菊。丹陛桥西侧，红嘴蓝鹊越聚越多，组成"烈焰红唇"小家族。一只斑鸠在转瞬间飞过，李强根据尾部特征识别其为山斑鸠。

——方方

尾巴长（接近或超过体长的一半）的鸟似乎不太适于长途迁徙。喜鹊、灰喜鹊、红嘴蓝鹊、长尾山雀、噪鹛、雉鸡，大多为当地留鸟，顶多进行短距离的迁移。是长尾削弱了飞行能力？或是长尾容易暴露行踪，招致被捕食的风险？

天坛一年四季都可见到灰喜鹊（*Cyanopica cyanus*），它们有些像鸭子叫的"嘎嘎"声不绝于耳、吵吵嚷嚷。要留意灰喜鹊忽然的噪杂和集群冲飞的举动，它们极有可能是在发布"防空警报"，那宣告着猛禽的来临。

20 世纪 90 年代，一群科学家以"奇怪"的方式研究北京大学校园里的灰喜鹊。他们趁灰喜鹊不备，在其孵卵时放入了鹌鹑卵。结果发现，当巢中添加了鹌鹑卵后，灰喜鹊总是把多出原来卵数（一般为 5～8 枚）的卵移除，但它们无法识别出大小和颜色明显不同于己卵的鹌鹑卵，以致于有时清除掉的是自己的卵。而在进行换雏实验时，当研究者把雏龄和体型较小的灰喜鹊雏鸟替换为另一巢雏龄和体型较大的雏鸟时，灰喜鹊父母如同得了脸盲症一样照喂不误，并把外来雏鸟抚养至出巢。科学家就此认定："灰喜鹊对自己的雏鸟和他巢雏鸟亦无识别能力。看来无论是蛋也好、雏鸟也好，只要是在自己巢中的就被视为是自己亲生的。" [95]

这种"来者不拒"的繁殖习性为杜鹃的巢寄生行为留下了可乘之机。每年夏季，当天坛中响起四声杜鹃"光棍好苦"的啼鸣时，预示着一出演化"神剧"又将登场：建筑于高大乔木侧枝上的鹊巢中混入来历不明的异卵，不明就里的灰喜

图 4-5 灰喜鹊育雏 王自堃 摄

图 4-6 振翅乞食的灰喜鹊

鹊夫妇照样将其饲养出巢，甚至当杜鹃雏鸟的体型已经明显超过养父母时，灰喜鹊依然一丝不苟地向那张鲜红的"邪恶"小嘴填喂食物。

这项研究还发现，刚出壳的灰喜鹊雏鸟对振动极为敏感，它们安卧其中的巢只要稍稍有些振颤就能引起乞食反应，雏鸟"伸直脖颈、张开大口乞食，乞食时伴有叫声，口呈鲜红色，极易吸引亲鸟的注意"。研究者认为："亲鸟回巢喂食的信号主要就是停落巢边引起巢的振动或亲鸟对雏鸟的触动，因为这时亲鸟叼着食物无法鸣叫，这也许就是雏鸟对振动特别敏感的原因。"

总之，灰喜鹊对出现在巢中的东西会本能地"视如己出"，无论是否与其具有血缘关系。此外，集群行动的灰喜鹊还具有"合作繁殖"的本领[96]。有研究者调查了青藏高原上的289个灰喜鹊巢，发现其中有255个巢为独立繁殖，其余巢为合作繁殖。灰喜鹊的合作群中一般有 1～3 只"帮助者"，"帮助者"是巢中繁殖者的后代，且以雄性后代为主。这些"儿子辈"担当了哨兵的角色，它们能够在天敌来犯时发出预警，或与繁殖中的父母一起驱逐捕食者。这种合作繁殖的成果使巢中雏鸟出飞数显著高于独立繁殖巢。"英雄父母"得到"靠谱青年"的帮助，家族由此更加兴旺。

另外值得一提的是，灰喜鹊会先将食物吞下，消化成食糜再饲喂给后代。食性方面，灰喜鹊兼食植物和动物性食物，是林业和牧业害虫的重要天敌。一只灰喜鹊一年内取食松毛虫 1.5 万条左右 [97]，有益于防治森林虫害。在冬季，天坛中还常看到灰喜鹊舔食国槐树干分叉处渗出的汁液（植物细胞为防冻会在细胞内凝聚糖分、渗出水分）。不知对于鸟类来说，这算不算是如同北冰洋汽水一样的冷饮。

58 喜鹊的土炕

2015 年 1 月 10 日

今天是 2015 年第一次天坛鸟调，也是"三九"的第二天，俗话说"三九四九冰上走"，但今年还没有见到雪花飘。在西门附近的一号区总能收获很多，乌鸫、斑鸫、赤颈鸫以及满树的金翅雀纷纷展示着它们的歌喉；灰头绿啄木鸟、大斑啄木鸟辛勤地劳动着；穿着加厚毛衫的灰椋鸟显得胖乎乎的，在枝头交头接耳无视树下的一大群看客。

在西北空场，辉煌不再，什么欧亚鸲、红腹灰雀都不见了踪影。喜鹊在忙着筑巢，这不是个别喜鹊的行为，而是整个天坛里的喜鹊都想在春节前搬入新房。我们看到有的喜鹊从已建成的巢上叼出树枝，飞到另一棵树上重起炉灶，搭起新巢，这种拆东墙补西墙的行为，我们还真不理解。当然我们也见识了喜鹊中的"土豪"，它们的巢分好几层，显得很"高大上"。

——晏燕

喜鹊（*Pica pica*）在的时候，似乎就不会有迁徙鸟了。我是说，下午 4 点来钟，走到西北空场的灌丛前，一旦见到有喜鹊下来活动，基本上就不用费力在灌丛中找鸟了。强势的喜鹊已经接管了地面，短暂停留的旅鸟无法在喜鹊面前分得一杯羹。

喜鹊与灰喜鹊虽只有一字之差，却分属不同的属：喜鹊为鹊属，灰喜鹊为灰喜鹊属（本属仅此一种）。俗语云"隔行如隔山"，两种鹊隔着一个属，亲缘关系也就远了。不过它们都可在有人居住的低山、丘陵和平原地区的林地活动，是城市中朝夕相处的好邻居。

喜鹊叫声多变。有时能听到喜鹊发出不成调的音节，像是在开嗓，又像是变声期的尴尬男童。喜鹊体长 44 厘米左右，看上去比灰喜鹊（38 厘米左右）大了一圈，骨架大，嗓门也高了不少，它们是从来不吝于在游人面前大声啼叫的。"喳、喳"，一只喜鹊叫起来，常引得整片树林骚动，其他鸟类纷纷回避，只因"两足兽"靠近。

2017 年 12 月 2 日下午，走在空无一人的西北空场上，荒草凄黄，松柏沧桑，一羽衔枝的喜鹊忽从头顶飞过，让人惊觉：勤快如喜鹊者，已经在为来年春天搭建爱巢了。如果用手遮住喜鹊的躯干部分，仅留漆黑的头与喙，那样子与乌鸦别无二致。盯着鸦科鸟类的眼睛观看，常让我生出一种与小狗对视的错觉。喜鹊自然不乏鸦科成员的智力基因，它们的聪明才智尤其表现在筑巢方面。

图 4-7 喜鹊衔泥

2003~2005 年，有研究者调查了北京近 20 所高校校园中的 318 个喜鹊巢 [98]，发现 47.4% 的喜鹊巢分布于毛白杨上。在人类活动影响大的地方，喜鹊营巢的高度有一定提高，偏向于选择如杨树、槐树等高大乔木，树高 10 米以下的树未发现喜鹊巢。在天坛观察到的喜鹊巢也符合这种情况，面对来往的游人，球状的树枝巢高举于树冠层，像是硕大的树屋。据说，喜鹊如果"白手起家"搭建新巢，需用时近 1 个月，仅构筑外壁就要用去 500 多根树枝。令人意想不到的是，在喜鹊树巢的内部还藏着一个泥巢，就像是自带"土炕"。泥巢内有一个用苔藓、软草、鸟羽、兽毛以及人发在内的许多软物铺成的"毡垫"，厚度可达 2 厘米 [99]，是绝佳的育婴暖房。

喜鹊也经常利用旧巢，有时是自己的，有时是其他喜鹊的。经过一番修缮，重复利用的球状巢变得越发高耸，跻身"碉楼古堡"，但这并不意味着喜鹊就住进了"复式单元"。实际上，翻新扩建的旧巢会成为新巢的底座，原有的泥巢也就此成为地基，不再被使用。在人潮涌动的城市公园，想要拥有一套"大房子"，怎能不加倍努力？难怪在寒冬腊月里，"建筑大师"喜鹊就已经在挑选"建材"，飞来飞去地衔运树枝了。

59 麻雀的欢乐颂

2016 年 1 月 3 日

严重雾霾，气温 –4 ~ 4℃。

麻雀是每次鸟调都会记录到的鸟种。这一天有汇文中学高三的学生来参加鸟调。他们的生物老师是博物君的同窗好友，曾经带他们来天坛看过长耳鸮。人越长越大，越走越远，希望我们年轻时看过的鸟，今后都还在。

——方方

树麻雀（*Passer montanus*）作为最成功的伴人物种，房前屋后、街边绿地、城市公园、乡村荒野，到处都有它们跳跃的小身影——像是一茬棕色的枯草，却又充满活力。北京话谓之"家雀（音'巧'）儿"，充分显示了该物种的常见程度以及伴人生活的亲密性。

1963年冬，我国鸟类学家郑光美在天坛公园调查了一群麻雀。他发现，麻雀喜欢聚集在具有大片杂草和灌丛且附近有针叶树（特别是侧柏）的区域。研究者在这份报告中自问："为什么冬季麻雀主要集结在杂草、灌丛和针叶树的混生地内呢？"他推测这是一种反射性的防御适应："雀群的取食及栖止等皆采取集团活动，即使在无干扰的情况下，啄食片刻即一哄而起，栖落在近旁灌木上，片刻后又落地取食，1分钟内可往复达4～5次之多，当不利情况发生，如天敌、风、雪的出现，则迅速钻入近旁的针叶树密枝内[100]。"可见，杂草是冬季麻雀的主要取食地，灌丛是麻雀集群和栖息的处所，针叶树则为麻雀的夜宿、避敌、避风雪以及雪后寻食提供了有利条件。

在英国，家麻雀与树麻雀同域分布，家麻雀主要筑巢于人类住宅间，树麻雀则多结巢于树上，后者因此得名 Tree Sparrow，前者则顺理成章地被称为 House Sparrow[101]。不过在我国境内，家麻雀仅分布在西部边陲地区，没有了竞争者的树麻雀这才得以在人类聚居区"登堂入室"。

麻雀多营巢于孔洞间，古建房梁、屋瓦空隙、路灯杆、

图 4-8 天坛弃置花架上的麻雀们

扫二维码，
聆听麻雀的鸣声

空调孔都是它们中意的居所。麻雀巢形随巢址环境而有变化，如若营巢于洞穴内，则做碗状巢；如在树枝间编巢，则做形似喜鹊窝的有盖巢。巢材主要为草茎、鸟羽、兽毛，也有绳头、纸片等人造物。据说，当麻雀向巢中衔入鲜绿嫩叶时，筑巢即已完成，产卵即将开始[102]。

麻雀每年4月开始配对，一年可繁殖2～3窝，在南方可增至4窝，孵卵期与育雏期均在半个月左右。当一窝雏鸟尚未出飞时，麻雀亲鸟早已产下新卵，开始新一轮繁殖。这种马不停蹄式的生产，使得麻雀一年所孵雏鸟可达13～17只，大大增加了种群数量。

2017年9月24日，我在自家阳台（居民楼4楼）花盆里发现2枚麻雀卵。相隔不远的同层邻居空调室外机旁，有一窝麻雀常年在废弃的墙面孔洞（空调软管曾经从中穿出）中筑巢繁殖。察看两枚卵，发现均有被啄食出的窟窿，卵内可见遗洒的卵黄，似是麻雀亲鸟放弃了最末一窝未孵化卵，并自行销毁弃置在花盆里。同是这窝麻雀，每年冬天清晨，它们都会站在邻居窗台外沿，隔着布满哈气的玻璃，伸长了脖子舔舐窗缝中流下的冷凝水。聪明的麻雀能在无雪的冬季以此解渴，俨然传承了一种独特的"饮水文化"。

因为太过常见，麻雀有时显得毫无存在感。不过，麻雀的合唱可算是一种奇观。当一树的麻雀鼓翅扇翼，你一言我一语地加入"大讨论"，集体共鸣的啾歌将由量变引发质变，轰轰烈烈地成为一曲鸟类欢乐颂,其声响直上云霄、震耳欲聋。这就是不起眼的小家雀儿的生命力量，在潜移默化间写入我们的记忆，无论何时听到，都会无比亲切。

后　　记

作为一个北京人，如果没有开始观鸟，你可能会认为，在这个"环环相扣"的城市里，这辈子只能看到四种鸟，分别是麻雀、喜鹊、乌鸦和鸽子。

2015 年 10 月 18 日，我动笔写了一篇名为《我们因何观鸟》的文章（从未试图发表），文章中的第一句就是上面那段话。自此，一个以天坛鸟类调查为切入点，介绍性地讲述鸟类故事的写作计划萌发了。

最初的写作充满了惶恐与疑惑。我并非专业鸟类研究者，只是一个业余写作的观鸟爱好者，所掌握的鸟类知识极其有限。在断续的写作中，我查阅了不少中国鸟类研究者的科学文献。这些文献大多是基础性的观察资料，部分篇什年代久远，但于我有限的鸟类观察而言仍是难得的补充。

乔治·夏勒在《与兽同在》（2011）中谈到南美雨林时曾说："所有博物学家都非常了解大自然受到的伤害。"在生物栖息地愈加破碎、城镇化进程愈加剧烈的今天，电子产品的冲击、传统自然知识的缺乏、旅费的昂贵，以及并不那么舒适的野外环境，都会阻碍人们全身心地去接受荒野的洗礼。

　　这个时候，不妨低头看一看城市里的生物。我们从鸟类开始，为自己打开了一扇小小的了解自然的窗口。乔治·夏勒相信："在未来的世纪中，人们会随着常识的剧增而顿悟，并采取行动保护残存的大自然珍宝。"如今看来，有关荒野的常识增长得依然非常缓慢，谁会为我们带来顿悟的吉光片羽？是清晨的第一声鸟鸣吗？

2017 年 12 月 10 日

鸟调样线区域详解

所谓样线，即一条固定路线。观鸟者匀速行走，记录样线内遇到的鸟类种类和数量。在本书正文引用的天坛鸟类调查回顾文字中，夹杂着"一号区""二号区"等地点代号。我无意改动回顾文字中的表述，但为便于读者理解，特在此"对号入座"一番。

外坛西北区域（一号区）

起自公园西门（祈谷门），结束于内坛墙西北角的一道偏门。该区域范围十分广大，生境多样，涵盖鸟种也较为丰富：既有小巧玲珑的山雀科、莺科、鹟科等小型雀鸟，也有缘木取食、中等体型的啄木鸟科留鸟，当然也包括了迁徙部队中的鹰、隼等猛禽。该区域包含了两个在文中经常提到的地点，分别是西北空场和苗圃。

西北空场

等同于天坛公园的西北角。那里有一片面积比较大的空地，遍植圆柏，地表植被多为两年生和多年生的草本植物，如蒲公英、荠菜、早开堇菜、紫花地丁、斑种草、附地菜、白屈菜、抱茎苦荬菜、夏至草、二月兰、通泉草、青杞、巴天酸模、田旋花、蒺藜等。空场北侧分布有少许灌木带，如小叶女贞、金银木，为鸟类提供了隐蔽的场所。除此之外，西北空场上林立的木制天线杆，为灰椋鸟、大斑啄木鸟等喜营树洞巢的鸟类提供了孔穴，木杆顶部也常成为红隼、喜鹊、大嘴乌鸦等领域性鸟类停落的制高点。因为视野开阔，该区域是观测猛禽迁徙的绝佳地点。

图 5-1　西北空场圆柏和天线阵

苗圃

位于内坛墙西北角外。原是北京市园林学校的苗圃，由一道
铁护栏围成一片近 300 平方米的封闭空间，其间既有槐、桑等乔
木伸展枝叶筑成树冠层，也有鸡麻、山茱萸等低矮灌木为林下环
境提供遮蔽空间，俨然是一处鸟类迁徙途中的秘密花园。对于观
鸟人而言，天坛苗圃远近闻名，如同四川大学望江校区的"天使
林"、江苏如东小洋口的"魔术林"一样，这处迁徙通道上的狭
窄绿洲吸引了许多过境鸟类，更不乏罕见鸟种的记录。然而自从
2014 年苗圃破土动工，清除了灌木带并正式对游人开放后，此处
对鸟类的吸引力迅速下降，往日屡屡刷新天坛公园鸟种纪录的盛
况已不复存在。2018 年 5 月末，倒是有一对赤腹鹰在苗圃外围的
核桃树上筑巢繁殖，吸引了众多拍鸟人围观。

图 5-2　苗圃改造前的环境

内坛西北区域（二号区）

从苗圃东侧铁门出发，向南穿过内坛墙西北角上的一个圆洞门，就进入了这个区域。一路途经圆柏林，斜穿至双环万寿亭南侧，脚下青砖墁地，道路两边多种植元宝枫。东侧百花园内的一棵蒙古栎和元宝枫林中都曾发现过红嘴蓝鹊营巢。行至连接祈谷门和东天门、呈东西走向的公园主干道时，此区域行程告一段落，再向南则为斋宫区域。

图 5-3 内坛西北圆柏林

斋宫区域（五号区）

涵盖了斋宫东侧至回音壁西侧的大部分绿地。地面植被为人工草坪，以细叶麦冬为主，缺少灌木层，乔木主要为侧柏、圆柏、国槐等。单调的生境似乎决定了这里不太招鸟待见，然而"神坛"总能给人惊喜。2014年5月下旬，在一次只有七人参加的鸟调中，观鸟者在斋宫东侧的柏树林中记录到了一只罕见的濒危鸟——栗鸦。此消息一经传出，便有鸟友去天坛连夜蹲守，不过神秘的栗鸦早已一去不复返了。

图 5-4　斋宫东门

回音壁区域（四号区）

位于天坛公园南部圜丘坛建筑群中，也是游客较多的一个区域。圜丘坛东南西北四个方向各有一个门，分别为泰元门、昭亨门、广利门、成贞门。此区域以成贞门西南侧的一个小月洞门为起始处，向东穿行至神库南侧。这里曾经是长耳鸮的聚集地。

图 5-5　神库南侧

东天门区域（三号区）

　　大概是鸟调路线上植被种类最为单一的一个区域，全区为大面积的油松林。此外，在神库以北贴近内坛墙一侧种有核桃树，东天门至丹陛桥道路两侧种植有侧柏，草地植被大多为细叶麦冬。单调的植被似乎难以吸引鸟类停留，然而这里却是金翅雀欢喜营巢的所在。油松遒劲的枝条提供了建房的"地基"，两针一束的松针也具备良好的隐蔽和防御效果。2015年3月15日，观鸟者在油松林中记录到天坛的新鸟种——黑头鹀，此后在同年12月6日，黑头鹀在同一区域又被再次记录到。看似没有遮挡物的人工草坪上，也留下过云雀暂落栖停的身影。

图 5-6　东门油松林

祈年殿区域（六号区）

鸟调样线的最后一个区域，起始于丹陛桥西侧那条横贯至祈谷门的石板路，之后穿过一片古柏群落，至月季园宣告结束。此区域靠近祈年殿主景区，游客熙来攘往，因此也不是贡献鸟种的主力地带。月季园常有红嘴蓝鹊出没，为稍显平淡的鸟调尾声增添了亮色。参与者在记录表上庄重地签下自己的名字作为本次鸟调的共同见证，大家就此别过，并期待下周的再相聚或新相逢。

图 5-7　祈年殿侧柏林

参 考 文 献

[1] 杨萌，史红全，李强，等. 北京天坛公园鸟类群落结构调查 [J]. 动物学杂志，2007，42（6）：136-146.

[2] 刘洋，李强，张明庆. 北京天坛公园鸟类群落的动态变化研究 [J]. 生态科学，2015，34（4）：64-70.

[3] 戴伯德，贝里，克雷斯，等. 鸟类 [M]. 王元青，译. 沈阳：辽宁教育出版社，2001.

[4] 李晓京，鲍伟东，孙来胜. 北京市区越冬长耳鸮的食性分析 [J]. 动物学杂志，2007，42（2）：52-55.

[5] 庞秉璋. 珠颈斑鸠与山斑鸠的冬季食性 [J]. 动物学杂志，1983，18（4）：50-51.

[6] 巴勒斯. 自然之门 [M]. 林东威，朱华，译. 桂林：漓江出版社，2009.

[7] 庞秉璋. 珠颈斑鸠的鸣叫与求偶 [J]. 动物学杂志，1980，15（3）：32-35.

[8] 姚玉领，牛广瀑，刘新，等. 灰椋鸟繁殖习性观察及食性分析 [J]. 河北林业科技，2006，2（1）：19-21.

[9] 严小惠，江艳娥，胡锦矗. 金翅雀的繁殖生态 [J]. 西华师范大学学报（自然科学版），2006，27（2）：170-173.

[10] 周世锷，孙明荣，葛庆杰，等. 星头啄木鸟繁殖习性的研究 [J]. 动物学杂志，1980（3）：35-36.

[11] [69] [70] 孙明荣，李克庆，朱九军，等. 三种啄木鸟的繁殖习性及对昆虫的取食研究 [J]. 中国森林病虫，2002，21（2）：12-14.

[12] 李佩珣，于学锋，李方满. 繁殖期黄喉鹀的领域鸣唱及其种内个体识别 [J]. 动物学研究，1991，12（2）：163-168.

[13] [14] 高岫. 长白山最小的鸟——戴菊[J]. 野生动物学报，1983（2）： 39-41.

[15] 李显达，陆军，郭玉民，等. 嫩江高峰林区红胁蓝尾鸲

的种群动态研究［J］. 防护林科技，2016（5）：17-20.

[16] 杨青，蒋纯，黄亚灵，等. 北红尾鸲鸣唱的微地理变异［J/OL］. 高校生物学教学研究（电子版），2012，2（3）：54-57.

[17] 周放. 红胁蓝尾鸲越冬生态习性的观察［J］. 动物学杂志，1988（1）：22-23.

[18] 胡运彪，蒋迎昕，孙悦华. 白腹短翅鸲亚成体雄鸟羽毛延迟成熟的机制［C］// 中国动物学会鸟类学分会. 第十二届全国鸟类学术研讨会暨第十届海峡两岸鸟类学术研讨会论文摘要集，2013.

[19] 唐景文，王淑荣，孙永吉，等. 黑尾蜡嘴雀鸣声的生物学意义［J］. 野生动物，2000（3）：17-18.

[20] 贾陈喜，孙悦华，毕中霖. 中国柳莺属分类现状［J］. 动物分类学报，2003，28（2）：202-209.

[21] 李伟，张雁云. 基于线粒体细胞色素 b 基因序列探讨红喉姬鹟两亚种的分类地位［J］. 动物学研究，2004，25（2）：127-131.

[22] 洪德元. 生物多样性事业需要科学、可操作的物种概念 [J]. 生物多样性, 2016, 24 (9): 979 - 999.

[23] 庞秉璋. 斑鸫的冬、春食性 [J]. 动物学杂志, 1977 (3): 36-38.

[24] 常家传, 鲁长虎, 吴建平, 等. 自然生态系统中的斑鸫 与黄檗 [J]. 生态学杂志, 2000, 19 (1): 70-71.

[25] 常家传, 马金生, 鲁长虎. 鸟类学 [M]. 哈尔滨: 东 北林业大学出版社, 2004: 189-190.

[26] 宋晔. 北京西山猛禽的迁飞 [J]. 森林与人类, 2013 (11): 28-33.

[27] 自然之友. 北京野鸟图鉴 [M]. 北京: 北京出版社, 2001.

[28] 赵正阶. 长白山三种鸫的繁殖习性 [J]. 动物学杂志, 1982 (4): 18-22.

[29] 马敬能, 菲利普斯. 中国鸟类野外手册 [M]. 卢和芬, 何芬奇, 解焱, 译. 长沙: 湖南教育出版社, 2000.

[30] 罗骏,李艳红,胡杰. 四川南充农田区乌鸫的巢址选择[J]. 四川动物，2008，27（4）：575-578.

[31] 程亚林，黄族豪. 乌鸫的繁殖行为与坐巢行为初步观察 [J]. 动物学杂志，2012，47（4）：41-47.

[32] 王宁，张正旺，张瑜. 京城乌鸦[J]. 森林与人类，2016 （2）：68-83.

[33] 任建强，高建新，安文山，等. 大嘴乌鸦繁殖生态的初 步研究[J]. 动物学杂志，1995，30（2）：27-30.

[34] 史荣耀，郎彩勤. 普通夜鹰的习性. 四川动物[J]， 2001，20（2）：87.

[35] 石红艳，徐志林，游章强，等. 普通夜鹰的繁殖习性及 雏鸟的生长发育[J]. 四川动物，2012，31（1）：71-73.

[36] 刘立才. 黑枕黄鹂孵化拍摄记[J]. 大自然，2016（3）： 46-51.

[37] 张克勤. 黑枕黄鹂鸣叫频次的研究[J]. 野生动物， 1991，59（1）：18-20.

[38] 李世忠，唐伍斌，唐欣. 气候条件对家燕物候期变化的影响［J］. 安徽农业科学，2009，37（18）：8531-8532.

[39] [41] 田丽，周材权，胡锦矗. 南充金腰燕、家燕繁殖生态比较及易卵易雏实验［J］. 生态学杂志，2006，25（2）：170-174.

[40] [42] 丛茜，刘玉荣，马毅，等. 家燕翅展翼型的气动特性［J］. 吉林大学学报（工学版），2011，41（增刊2）：231-235.

[43] 田丽，周材权，易宏国，等. 家燕的繁殖生态及雏鸟生长发育［J］. 动物学杂志，2005，40（3）：86-89.

[44] 王建萍. 山西芦芽山自然保护区四声杜鹃的生态习性观察［J］. 野生动物，2012，33（4）：184-186.

[45] 刘建平，张振群，谷德海，等. 河北塞罕坝褐柳莺鸣唱特征分析［J］. 动物学杂志，2016，51（2）：207-213.

[46] 郑光美，魏潮生. 红尾伯劳的繁殖习性［J］. 动物学杂志，1973（2）：91-98.

[47] 卢欣，郭东龙. 太原地区越冬小鹀头骨的骨化过程及种群结构的初步分析［J］. 山西大学学报（自然科学版），1990，

13（2）：217-221.

[48] 李声林. 2种绣眼鸟迁徙规律研究初报[J]. 山东林业科技，2001（2）：26-28.

[49] 周郁茂. 高桥洼林场山鹪鸰的生态习性研究［J］. 安徽农业科学，2011，39（25）：15393-15394.

[50][51] 孟璐，李欣，高翔. 北京鸟类新记录——栗鹀［J］. 大自然，2014（5）：62-63.

[52][53] 樊敏霞，张青霞，郜建华. 戴胜的一些生态资料［J］. 四川动物，2004，23（2）：123-125.

[54] 蒋文亮，张红，李渊源，等. 红嘴蓝鹊繁殖习性与食性的观察［J］. 吉林农业，2013（10）：86-87.

[55] 李炳华. 红嘴蓝鹊的繁殖习性[J]. 野生动物，1984，5（1）：18-20.

[56] 杨晓菁，雷富民. 白头鹎的鸣唱结构及其鸣唱微地理变异［J］. 动物学报，2008，54（4）：630-639.

[57] 李东来，丁振军，殷江霞，等. 白头鹎分布区进一步北扩至沈阳［J］. 动物学杂志，2013，48（1）：74.

[58] 姜学雷，王蓉蓉，李忠秋，等. 同域分布下丝光椋鸟与灰椋鸟的繁殖行为 [J]. 生态学杂志，2012，31（8）：2011-2015.

[59] 李洪志，丛建国. "北京雨燕"在青州地区繁殖生态的初步研究 [J]. 潍坊教育学院学报，1996（3）：39-40.

[60] 王香亭. 兰州"北京雨燕"生态初步研究[J]. 生物学通报，1958，（7）：15-18.

[61] 杜恒勤，赵飞，陈玉泉. 黑卷尾的习性观察[J]. 野生动物，1989，（3）：22-24.

[62] 杨向明，高建兴，常孜苗. 红隼的生态和繁殖生物学观察 [J]. 动物学杂志，1995，30（1）：23-26.

[63] 杜利民，马鸣. 黄爪隼和红隼的繁殖习性记录 [J]. 四川动物，2013，32（5）：766-769.

[64] 易国栋，马连杰，王海涛. 红隼存在贮食行为一例 [J]. 信阳师范学院学报（自然科学版），2015，28（4）：521-523.

[65] 张凤瑞，邹祺，李保国，等. 白头鹎、八哥、乌鸫生态位拓展研究[J]. 信阳师范学院学报（自然科学版），2008，21（3）：409-411.

[66] 李振华. 对野生八哥在保定地区自然越冬、繁殖的观察 [J]. 中国园林, 1995（4）: 12.

[67][68] 范忠民, 宝贵良, 李克政, 等. 沼泽山雀繁殖习性的研究 [J]. 动物学报, 1965, 17（4）: 364-371.

[71] 高玮. 芦莺的繁殖习性 [J]. 生态学杂志, 1984（2）:21-25.

[72] 江望高, 诸葛阳. 三宝鸟繁殖期领域性的初步研究 [J]. 生态学报, 1983, 3（2）: 85-96.

[73] 宋榆钧. 银喉长尾山雀繁殖行为与食性的研究 [J]. 动物学研究, 1981, 2（3）: 235-242.

[74] 高玮, 宋榆钧, 李方满. 树鹨繁殖生态习性的观察 [J]. 动物学杂志, 1984（2）: 10-11.

[75] 时鲲, 丁汉林. 红脚隼的繁殖生态 [J]. 吉林林业科技, 1988（2）: 25-27.

[76] 何芬奇, 任永奇. 阿穆尔隼之殇 [J]. 大自然, 2013（5）: 48-49.

[77] 赵健,汪志如,杜卿,等.江西省鸟类新纪录——云南柳莺、绿背姬鹟［J］.四川动物，2012，31（3）：447.

[78] 宋榆钧，高玮，何敬杰. 蓝歌鸲繁殖习性［J］. 野生动物，1983（3）：10-11.

[79] 庞秉璋. 云雀的越冬生态［J］. 动物学杂志，1985（4）：42-44.

[80] 贝克. 游隼［M］. 李斯本，译. 杭州：浙江教育出版社，2017.

[81] 方克艰，李显达，郭玉民，等. 嫩江高峰林区燕雀的迁徙研究［J］. 野生动物学报，2008，29（3）：121-123.

[82] 张智，唐宝田，张林源，等. 北京麋鹿苑达乌里寒鸦迁徙和越冬期种群动态与集群行为的初步研究［J］. 动物学杂志，2009，44（6）：17-22.

[83] 晏安厚. 短耳鸮冬季生态初步观察［J］. 生态学杂志，1988（4）：57-58.

[84] 李晓娟，周材权，胡锦矗. 南充高坪机场短耳鸮越冬期的食性分析和习性观察［J］. 动物学杂志，2007，42（6）：120-

124.

[85] 常家传. 短耳鸮的室内饲养与观察［J］. 动物学杂志，1987，22（4）：24-25.

[86] 肖华，周智鑫，王宁，等. 黄腹山雀的鸣唱特征分析［J］. 动物学研究，2008，29（3）：277-284.

[87] 格雷. 鸟的魅力［M］. 韩玉波，译. 海口：海南出版社，2003.

[88] 王瑞卿. 北京究竟有多少种鸟? 北京野鸟全纪录［J］. 森林与人类，2016（2）：40-46.

[89][90] 高玮. 长白山北坡冬季鸟类群落的丰富度及其群落的演替［J］. 动物学研究，1982，3（增刊2）：335-341.

[91][93] 刘天天，邓文洪. 北京地区同域分布的普通鵟和黑头鵟种群密度比较［J］. 生态学报，2015，35（8）:2622-2627.

[92][94] 高玮. 黑头鵟的繁殖及食性的研究［J］. 动物学报，1978，24（3）：61-69.

[95] 尚玉昌. 灰喜鹊的行为生态学研究 I：生殖行为［J］.

应用生态学报，1994，5（3）：263-268.

[96] 包诗洁. 青藏高原灰喜鹊递食策略［D/OL］. 兰州：兰州大学，2014.

[97] 张天印. 灰喜鹊的生态观察［J］. 动物学杂志，1979（4）：29-30.

[98] 陈侠斌，何静，张薇. 北京高校喜鹊巢址选择的主要生态因素［J］. 四川动物，2006，25（4）：855-857.

[99] 靳旭. 喜鹊与灰喜鹊［J］. 野生动物，2003，24（6）：2-3.

[100] 郑光美，黄孝镇. 北京城区麻雀的冬季种群动态和食性分析的初步报告［J］. 北京师范大学学报（自然科学版），1965，10（2）：99.

[101][102] 贾相刚，贝天祥，陈太庸，等. 麻雀繁殖习性的初步研究［J］. 动物学报，1964，15（4）：38-47.

致　　谢

感谢 78 岁高龄的高武老师赐序。高教授退休前任教于首都师范大学生命科学学院，在鸟类研究和鸟类保护等领域均有建树，同时身体力行推动发展民间观鸟活动，至今仍活跃在自然教育一线。

感谢诗人编辑黎幺，没有他的努力，这本书将只存在于电脑硬盘与网络中。

感谢高翔在较短的时间内遴选了本书的大部分图片，令书中文字得以落脚。

北京动物学会理事李兆楠为本书的科学性、严谨性做了细致审读，并牵线搭桥请来高武老师为本书作序，特此感谢。

天坛鸟调回顾作者授权我使用他们的文字，赋予了本书丰富多彩的声部；李欣、刘超、穆贵林、杜松翰、唐俊颖、混沌牛提供了部分鸟类图片；罗青青绘制了丘鹬图；"自然之友野鸟会"会长李强帮忙联系并提供了多张鸟照；黄瀚晨为本书部分章节写作了按语，并慷慨提供了黄眉柳莺鸣声音频。在此一并致以谢忱。

2012 年 9 月，广州鸟友熊欣在一次来京出差间隙，做了一场关于广东南岭鸟类的小型讲座，并邀请人们第二天随她去百望山观看猛禽，只我一人报名。有趣的是，她在百望山上因迷路拨通了李强的电话，随后按照指示转场至海拔更高的望京楼。在那里，我接受了鹰群的启蒙。感谢这偶然的相逢。

　　2017 年 2 月，我与翟红昌（国家海洋局第二海洋研究所高级工程师）相识于"向阳红 09"科考船上。此行目的地是西北印度洋热液区，科学家搭乘"蛟龙"号（载人潜水器）在此区域开展 3000 米深度海底地质与生态系统调查。航渡期间，我们因对鸟类的共同爱好而熟识，他看到我在写作此书后，便推荐了贾祖璋的《鸟与文学》，并提供了影印版电子文件，在此感谢。

　　由于本书非专为鸟类鉴别而写，读者若想了解更多鸟种雌雄成幼方面的知识，推荐阅读"自然之友野鸟会"编著的《常见野鸟图鉴（北京地区）》。

图书在版编目（ＣＩＰ）数据

坛鸟岁时记 / 王自堃著 . —南宁 : 广西科学技术
出版社 , 2019.8
　　ISBN 978-7-5551-1145-0

　　Ⅰ . ①坛… Ⅱ . ①王… Ⅲ . ①天坛—鸟类—研究
Ⅳ . ① Q959.7

中国版本图书馆 CIP 数据核字 (2019) 第 023658 号

坛鸟岁时记
TAN NIAO SUI SHI JI

王自堃　著

策划编辑：黄　鹏　　　　　责任编辑：赖铭洪
助理编辑：谭智锋　吴　双　　责任校对：陈剑平
责任印制：韦文印　　　　　　封面设计：向　晨
版式设计：璞　闾

出版人：卢培钊
出版发行：广西科学技术出版社
社址：广西南宁市东葛路 66 号
邮政编码：530023
网址：http://www.gxkjs.com

经销：全国各地新华书店
印刷：广西民族印刷包装集团有限公司
地址：南宁市高新区高新三路 1 号
邮政编码：530007　　　　开本：787mm×1092mm　1/32
字数：210 千字　　　　　　印张：10.25
版次：2019 年 8 月第 1 版　印次：2019 年 8 月第 1 次印刷
书号：ISBN 978-7-5551-1145-0
定价：49.80 元